中等职业教育
计算机专业系列教材

操作系统（第四版）

总主编　张小毅
主　编　叶　红
编　者（以姓氏笔画为序）
叶　红　刘国纪
彭育生

重庆大学出版社

内容提要

操作系统是中等职业教育计算机专业的必修课。本书根据中等职业教育计算机专业操作系统课程的教学大纲编写，以实际任务确定教学内容；以新课程改革的教育思想为指导，充分发挥学生的主体作用；将教学内容分模块展示，便于学生学习和掌握。

本书主要内容包括：操作系统基本知识、Windows XP 的基本操作、Windows XP 的文件管理、管理磁盘、安装 Windows XP、Windows XP 的维护、Windows XP 的键盘录入、Windows XP 的附件、Windows XP 与 Internet、MS-DOS。

本书是中等职业教育计算机专业操作系统课程的教材，也可作为各类计算机培训教学用书以及自学 Windows XP 操作系统用书。

图书在版编目(CIP)数据

操作系统/叶红主编.—4 版.—重庆：重庆大学出版社，2005.8（2018.12 重印）
（中等职业教育计算机专业系列教材）
ISBN 978-7-5624-2361-4

Ⅰ.操… Ⅱ.叶… Ⅲ.操作系统—专业学校—教材 Ⅳ.TP316

中国版本图书馆 CIP 数据核字（2005）第 076264 号

中等职业教育计算机专业系列教材
操作系统
（第四版）
总主编　张小毅
主　编　叶　红
责任编辑：黄晓东　王　勇　　版式设计：迪　美
责任校对：任卓惠　　责任印制：赵　晟
*
重庆大学出版社出版发行
出版人：易树平
社址：重庆市沙坪坝区大学城西路 21 号
邮编：401331
电话：（023）88617190　88617185（中小学）
传真：（023）88617186　88617166
网址：http：//www.cqup.com.cn
邮箱：fxk@ cqup.com.cn（营销中心）
全国新华书店经销
重庆长虹印务有限公司印刷
*
开本：787mm×1092mm　1/16　印张：10.25　字数：256 千
2005 年 8 月第 4 版　2018 年 12 月第 55 次印刷
印数：265 001—266 000
ISBN 978-7-5624-2361-4　定价：27.00 元

序言 Xuyan

进入21世纪，随着计算机科学技术的普及和发展加快，社会各行业的建设和发展对计算机技术的要求越来越高，计算机已成为各行各业不可缺少的基本工具之一。在今天，计算机技术的使用和发展，对计算机技术人才的培养提出了更高的要求，为培养能够适应现代化建设需求的、能掌握计算机技术的高素质技能型人才，已成为职业教育人才培养的重要内容。

按照“以就业为导向”的办学方向，根据国家教育部中等职业教育人才培养的目标要求，结合社会行业对计算机技术操作型人才的需要，我们在调查、总结前些年计算机应用型专业人才培养的基础上，重新对计算机专业的课程设置进行了调整，进一步突出专业教学内容的针对性和实效性，重视对学生计算机基础知识的教学和对计算机技术操作能力的培养，使培养出来的人才能真正满足社会行业的需要。为进一步提高教学的质量，我们专门组织了有丰富教学经验的教师和有实践经验的行业专家，重新编写了这套中等职业学校计算机专业教材。

本套教材编写采用了新的教育思想、教学观念，遵循的编写原则是：“拓宽基础、突出实用、注重发展”。为满足学生对计算机技术学习的需求，力求使教材突出以下几个主要特点：一是体现以学生为本，针对目前职业学校学生学习的实际情况，按照学生对专业知识和技能学习的要求，教材在编写中注意了语言表述的通俗，以任务驱动的方式组织教材内容，以服务学生为宗旨，突出学生对知识和技能学习的主体性；二是强调教材的互动性，根据学生对知识接受的过程特点，重视对学生探究能力的培养，教材编写采用了以活动为主线的方式进行，把学与教有机结合，增加学生的学习兴趣，让学生在教师的帮助下，通过对活动的学习而掌握计算机技术的知识和操作的能力；三是重视教材的“精、用、新”，根据各行各业对计算机技术使用的需要，在教材内容的选择上，做到“精选、实用、新颖”，特别注意反映计算机的新知识、新技术、新水平、新趋势的发展，使所学的计算机知识和技能与行业需要结合；四是编写的体例和栏目设置新颖，易受到中职学生的喜爱。这套教材实用性和操作性较强，能满足中等职业学校计算机专业人才培养目标的要求，也能满足学生对计算机专业技术学习的不同需要。

为了便于组织教学，我们将根据计算机专业技术发展的要求和教学的实际需要，研究开发出与教材配套的有关教学资源材料供大家参考和使用，进一步提高教学的实效性。希望重新推出的这套教材能得到广大师生喜欢，为职业学校计算机专业的发展做出贡献。

中等职业学校计算机专业教材编写组

2005 年 7 月

前言 Qianyan

随着新课程改革的不断深入，为了满足目前中等职业教育对教材的需求，在重庆市教委和市教科院的领导下，经重庆市职业高中计算机专业中心教研组研究决定，对《操作系统》教材以 Windows XP 为平台进行重新编写，具体由担任该书前三版主编、具有 20 多年计算机专业教学和 10 多年教材编写经验、现任重庆市职业高中计算机专业中心教研组操作系统学科组组长的叶红老师继续担任主编。

本书严格按照中等职业教育计算机专业操作系统课程教学大纲编写，具有以下特点：

1. 坚持可持续发展理念，基础与能力并重。在突出基础知识基本技能的同时，将探究意识和探究能力的培养落在实处。通过“读一读”、“练一练”、“试一试”、“想一想”、“看一看”、“课外餐”等多种形式，引导读者走进教材，认识教材，掌握教材所传授的知识，再走出教材，放眼未来，使所学的知识与时俱进。

2. 坚持以人为本，注重调动和发挥学生的主观能动性。本书在具体内容的阐述上，注重深入浅出，图文并茂；在实验操作上，步骤明确；在结构形式上，灵活多样。读者在使用本书时，既可以作为教和学的依据，也可以通过自学，在较短时间内掌握操作系统有关知识和技能。

3. 框架模块结构，目标明确，任务清晰。全书分为 10 个模块，每个模块都有明确的教学目标，而教学目标通过多个任务的完成来实现。

参与本书编写的还有刘国纪、彭育生。

由于编者水平有限，不足之处恳请广大读者指正。

编　者

2005 年 6 月

目录 mulu

模块七 Windows XP的键盘录入

模块八 Windows XP的附件

模块九 Windows XP与Internet

模块十 MS-DOS

模块一 Mokuaiyi

序　言

学完本模块你应该：

- 了解学习对象，明确学习目的
- 掌握操作系统概念，了解操作系统的分类

〔读一读〕

一、什么是操作系统

从不同的角度看操作系统：

用户：操作系统把计算机扩充为功能更强，服务质量更高，使用更加方便、灵活的"虚拟机"。

软件：操作系统是程序和数据的集合，是用于控制和管理系统资源的各种程序及数据组成的一个系统软件。

资源：操作系统是用以提高计算机的利用率、方便用户使用计算机、提高计算机响应时间的系统资源管理者。

我们学习操作系统是站在用户的立场，以充分利用操作系统为目的。

二、计算机系统的组成

计算机系统的组成如图 1-1 所示。

- 计算机系统
  - 硬件
    - 主机
      - 中央处理器
        - 运算器
        - 控制器
      - 存储器
    - 外设
      - 输入设备
      - 输出设备
      - 辅助存储设备
  - 软件
    - 系统软件
      - 操作系统
      - 语言处理程序
      - 数据库管理系统
      - 连接程序
      - 诊断程序
    - 应用软件

图 1-1

三、操作系统的类型

根据用途和使用方式的不同，操作系统通常分为 5 种类型：

- ➢ 单用户系统
- ➢ 批处理系统
- ➢ 分时系统
- ➢ 实时系统
- ➢ 网络系统

1. 单用户系统

单用户操作系统一次只为一个用户服务。按同时管理的作业数，单用户操作系统又分为单用户单任务操作系统和单用户多任务操作系统。

单用户单任务操作系统只能同时管理一个作业，例如 DOS 就属于这种类型。

单用户多任务操作系统允许多个作业同时存在和运行。目前广泛应用的 Windows 就是这种类型。Windows 是本课程的主要学习对象，它实际上已经成为了个人计算机操作系统的标准。

单用户系统具有独占资源、简单、可靠的特点。

注释:所谓作业就是每个用户请求计算机计算的一个计算任务。

2. 批处理系统

批处理是把若干个作业合成一批,通过输入设备全部存入外存,然后由操作系统把该批中的一个作业调入内存运行,处理完后系统自动调入下一个作业进行处理,直至该批作业全部处理完毕,才能去输入第二批作业。

批处理系统的系统资源利用率高,但是用户失去控制权。

3. 分时系统

分时系统允许多个用户同时使用一个计算机系统,每个用户通过各自的终端以问答方式控制其程序的运行,系统把中央处理器时间按时间片轮流分配给各终端作业。如果在一个时间片内作业未能完成,该作业就被暂时中断,等待下一轮再执行。例如 Unix、Xenix、Linux 都是这种类型的操作系统。

分时系统具有多路调制性、独立性、交互性的特点。

4. 实时系统

实时系统是指能对随机发生的外部事件做出及时响应,并对其进行处理的操作系统。

实时系统又分实时过程控制和实时信息处理 2 种系统。实时过程控制侧重于及时加工处理采集的数据,不失时机地实现控制目的。例如,飞机飞行、导弹发射、石油化工生产等过程的控制,通常就是使用实时过程控制系统。实时信息处理侧重于对大量信息的分析并及时给出结论。例如,航空公司的查询系统、银行的业务管理系统等,都是使用实时信息处理系统。

实时系统具有及时、可靠、专用、连续、过载保护的特点。

5. 网络系统

网络系统是计算机网络资源的管理者。目前,常用的网络操作系统有 Windows NT 和 NetWare。

网络系统具有共享、通用、信息传递迅速的特点。

〔**练一练**〕

1. 软件按功能可分为________和________2 大类。
2. 计算机所有软件中最基础的软件是________。
3. 操作系统是用以提高计算机的________、方便用户使用计算机、提高计算机________的系统软件。
4. 操作系统分为________、________、________、________和________5 种类型。
5. 实时系统分为________和________2 类。
6. DOS 是一个________操作系统。
7. Windows XP 操作系统是一个________操作系统。
8. Unix 是一个________操作系统。

〔看一看〕

你能接触到的计算机都安装的是什么操作系统。

〔课外餐〕

1. Windows

Windows 是美国 Microsoft 公司为个人计算机开发的基于图形用户界面的操作系统。

1983 年 12 月 Microsoft 公司首次颁布 Windows 1.0 版本。这是一个很不成熟的产品。

1987 年 10 月 Microsoft 公司推出 Windows 2.0 版本。它使用了层叠式的窗口系统,并且附加了一个新的应用程序——Microsoft Excel。但是,由于它在当时的 PC 机上性能不佳,用户没有大范围地接受它。

1990 年 5 月 Microsoft 公司发行 Windows 3.0 版本。这是一个具有划时代意义的产品,它提供了全新的用户界面和方便的操作手段,它支持菜单、列表框、按钮,采用了图标,突破了 640 KB 常规内存的限制,可以在任何方式下使用扩展内存,具有运行多道程序、处理多任务的能力。在 Windows 3.0 软件包中已经包含了众多实用的应用程序。

1992 年 4 月 Microsoft 公司又发行了 Windows 3.1 版本。该版本支持对象链接和嵌入(OLE),加入了多媒体功能,改进了桌面办公的软环境,支持TrueType字体。

1995 年 8 月 Microsoft 公司推出 Windows 95 版本。Windows 95 是一个多任务、多线程、全 32 位的操作系统,它支持 32 位的应用程序和设备驱动程序,同时也支持 16 位的应用程序和设备驱动程序,它兼容性好,即插即用,支持长文件名,有安全垃圾箱和新型的文件及磁盘管理,提供了超强的系统工具,还提供了所有主要系统的网络连接,并可作为 Internet 技术开发平台。

1998 年 6 月 Microsoft 公司在不断完善 Windows 95 的基础上推出 Windows 98版本,它不仅保留了 Windows 95 原有的优良性能与特点,而且还进一步改进并增强了这些特性,使得操作更加简便快捷。Windows 98 在熟悉的界面增强了网络意识,它主要在硬件支持技术、网络与通信技术、Internet 集成和系统支持工具等方面进行了较大的改进。Windows 98 中文版是英文版的汉化版本,它具有与英文版完全兼容的系统功能,并且增添了适合中国国情的特色。

2000 年 12 月 Microsoft 公司又推出了 Windows 2000 版。2001 年 10 月 Windows XP 版问世。较之以前的版本,Windows XP 界面更亮丽,操作更方便,安全性和稳定性更高。本书将以该版本作为学习对象。

2. DOS

DOS 是 Disk Operation System 的简称,它曾经是个人计算机的主导操作系统。

1981 年美国 Microsoft 公司开发出个人计算机的磁盘操作系统 MS-DOS,由于它首次应用于 IBM 公司的 PC 机上,所以又称为 PC-DOS。

MS-DOS 问世以后,受到用户和软件开发商的热烈追捧,短短十几年就发展为一个庞大的家族。

1981 年 10 月 MS-DOS 1.0 问世,这是一个单用户、单任务的操作系统,支持单面软盘驱动器。

1982 年 10 月推出 MS-DOS 1.1,增加对双面软盘驱动器的支持。

1983 年 3 月推出 MS-DOS 2.0,增加对硬盘驱动器的支持。

1984 年 8 月推出 MS-DOS 3.0,增加高密(1.2 MB)软盘驱动器和较大容量(30 MB)硬盘驱动器的支持。

1985 年 3 月推出 MS-DOS 3.1,增加对网络服务器的支持。

1986 年 1 月推出 MS-DOS 3.2,增加对 3.5 in(1 in = 2.54 cm)软盘驱动器的支持。

1987 年 4 月推出 MS-DOS 3.3,增加对更大容量(>32 MB)硬盘驱动器的支持。

1988 年 8 月推出 MS-DOS 4.0,增加对扩展内存的支持,提供多任务环境,支持前后台作业方式。

1991 年 7 月推出 MS-DOS 5.0,增强存储管理,完善 DOS Shell。

1993 年 2 月推出 MS-DOS 6.0,增强磁盘管理,增加对多重引导配置的支持和病毒防治功能。

1993 年 10 月推出 MS-DOS 6.2,增强内存优化,支持新的网络功能。

1994 年 5 月推出 MS-DOS 6.22,增加了许多磁盘工具软件,支持 32 位图形操作系统 Windows 95。

MS-DOS 与 Windows 相比,无论是界面还是资源管理都不如后者,但是,它至今在个人计算机上仍占有一席之地,在某些情况下 DOS 还是必不可少的。另外,由于 DOS 操作系统的稳定性好,在某些行业应用中占据重要的位置。Windows 也在其中保留了 DOS 方式。

3. Unix

Unix 操作系统是 1969 年美国电话与电报公司贝尔实验室开发的产品,自诞生以来不断发展,已经成为小型机、大型机的主流操作系统,目前许多网络服务器使用的就是这种操作系统。

Unix 作为一个多用户、多任务的分时操作系统,具有以下特点:

(1) 多个用户可以同时使用计算机,系统可以同时处理一个用户的多个要求。

(2) 用户界面友好。采用两种界面:一种是用户界面,用户在终端上通过使用命令和系统进行交互作用;另一种是系统调用界面,面向用户程序。

(3) 良好的可移植性。Unix 系统是用 C 语言编写的,C 语言编译程序具有良好的可移植性,这就为Unix系统提供了良好的可移植性。

4. Linux

Linux最初由芬兰人Linus Torvalds开发,其源程序在Internet网上公开发布,由此引发了全球电脑爱好者的开发热情,许多人下载该源程序并按自己的意愿完善某一方面的功能,再发回网上。Linux也因此被雕琢成为一个全球性的、稳定的、有发展前景的操作系统。

实际上Linux是Unix操作系统的一种,它具有以下特点:

①完全免费,源代码公开,你可以自由安装并任意修改。

②Linux操作系统与Unix操作系统兼容。

③支持几乎所有的硬件平台。

目前,Linux正在全球各地迅速普及推广,我国有许多公司自主开发了一些优秀的Linux产品,如Linux红旗就是其中之一。在政府办公领域,由于普遍担心Windows会造成重要文件的泄密,而Linux具有公开源代码的特点,因此,在政府办公领域Linux操作系统得到一定的应用。

模块二 Mokuaier

Windows XP 的基本操作

学完本模块你应该：

- 掌握 Windows XP 的启动、退出方法
- 了解桌面概念及其组成
- 掌握桌面的基本操作
- 了解账户、窗口概念
- 掌握窗口的组成
- 掌握窗口的基本操作
- 掌握菜单概念
- 了解菜单的组成及特殊符号
- 掌握菜单分类
- 掌握对话框的组成及操作
- 掌握帮助系统的分类及启动方法

任务一　Windows XP 的启动与关闭

〔读一读〕

一、启动和登录 Windows XP

所谓启动 Windows XP 就是运行 Windows XP，使计算机系统处于 Windows XP 的管理状态。启动 Windows XP 的前提条件是拥有 Windows XP 的启动盘。通常用硬盘作为启动盘。

登录是指用户使用系统中预先设定的账户进入到操作系统中。

操作步骤

①打开外设电源开关。

②打开主机电源开关。

③选择用户，输入密码。

〔注意〕

如果计算机中装有多个操作系统，则在接通主机电源后，将会出现让你选择操作系统的画面。

如果在打开主机电源开关后按 F8 键，就会出现如图 2-1 所示的启动菜单。

如果只有单用户，则只需在登录画面的密码框中输入用户密码，然后按下“回车”键即可。

如果只有单用户，又没设密码，则系统不会在登录画面停留，而是直接启动，进入系统。

Windows 高级选项菜单
请选定一种选项：

　　安全模式
　　带网络连接的安全模式
　　带命令行提示的安全模式

　　启用启动日志
　　启用 VGA 模式
　　最后一次正确的配置(您的起作用的最近设置)
　　目录服务恢复模式(只用于 Windows 域控制器)
　　调试模式
　　正常启动 Windows
　　重启动
　　返回到操作系统选择菜单

使用“↑”键和“↓”键来移动高亮显示条到所要的选项

图 2-1

二、桌面

1. 概念

桌面是用户在启动并进入 Windows XP 后的整个屏幕区域。

为了使用户能更直观地使用计算机，Windows XP 把整个计算机屏幕模拟成人们平常的工作环境——桌面，如图 2-2 所示。它允许用户把一些常用的东西（Windows XP 称之为对象）放在上面以方便取用，用户也可以根据自己的爱好把桌面设置成自己喜欢的形式。

图 2-2

2. 桌面的构成元素

Windows XP 桌面包含下列基本元素：

- **图标**　由图形和文字标签共同标识的程序或文件夹。它是一种快捷方式，其目的在于帮助用户以最快的速度来打开相应的程序项目。桌面上的图标分为 2 大类：系统图标和用户自定义图标。

在 Windows XP 中的系统图标仅有“回收站”一个，从而使桌面更简洁，界面更亮丽。

〔注意〕

用户不能删除系统图标，但可以自由地增加、删除用户自定义图标。图标的图形和文字标签都可以更改。

- **任务栏**　位于整个桌面的最下方，如图 2-2 所示。

图 2-3

当用户打开程序、文档或窗口后，在任务栏上就会出现一个相应的按钮，如图 2-3 所示。Windows XP 允许用户同时打开多个程序、文档或窗口，但是每一时刻，只有一个是

"活动"的,其按钮为深色。用户可以方便地在多个应用程序之间进行快速切换。在打开很多文档和程序窗口时,任务栏组合功能可以在任务栏上创建更多的可用空间。例如,如果打开了10个窗口,其中3个是写字板文档,那么,3个写字板文档的任务栏按钮将组合在一起成为一个名为"写字板"的按钮。单击该按钮然后单击某个文档,即可查看该文档。

任务栏的最右端是系统托盘(又称为提示区),包括时钟、音量调整和一些最小化程序的图标(某些程序最小化后不显示为任务栏按钮,而是以一个图标的方式在此显示)。为了减少任务栏的混乱程度,如果提示区域的图标在一段时间内未被使用,它们会隐藏起来。如果图标被隐藏,单击箭头"<"可以临时显示隐藏的图标。如果单击这些图标中的某一个,它将再次显示。

任务栏的位置、大小、显示项目都可以调整,还能自动隐藏。

- **"开始"按钮** 在任务栏的最左端是"开始"按钮,用户使用 Windows XP 通常是从"开始"按钮开始的。单击"开始"按钮将弹出"开始"菜单,如图2-4所示。

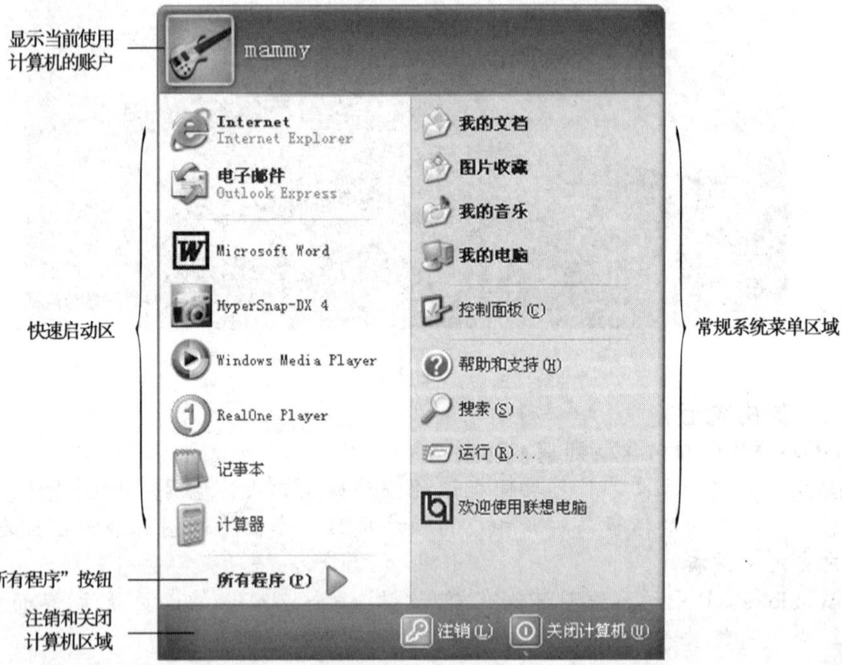

图2-4

使用"开始"菜单几乎可以完成所有任务,"开始"菜单分为5个部分:

①显示当前使用计算机的账户,单击账户图标按钮可以方便地切换到管理账户的程序界面。

②快速启动区。该区域被分割成上下2块,上部分是互联网任务图标,下部分是6个用户最经常使用的程序的快捷方式。

③常规系统菜单区域。用户可以通过该区域进行一般的计算机管理工作。

④"所有程序"按钮。单击(或指向并停留2秒钟)将弹出子菜单,显示计算机中安装的所有应用程序。

⑤注销和关闭计算机区域。

- **桌面背景** 是指桌面上除图标、任务栏外的显示区域。用户可以自行设置桌面背景。

3. 基本操作

Windows XP 既可以使用键盘操作，又可以使用鼠标进行操作。

Windows XP 支持 2 个按钮的鼠标，在通常情况下鼠标的形状是一个小箭头（用户可以进行设置），鼠标的操作有以下几种：

- **指向** 把鼠标移动到某一对象上，用于激活对象或显示提示信息。
- **单击** 鼠标左键按下→松开，用于选择某个对象、选项或按钮等。
- **右击** 鼠标右键按下→松开，用于弹出对象的快捷菜单或帮助提示。
- **双击** 快速按下→松开→再按下→再松开鼠标左键，用于启动程序或打开窗口。
- **拖动** 单击某一对象，按住左键不放，移动鼠标至另一地方再释放，用于滚动条操作、标尺滑块操作或复制、移动对象等操作。

在 Windows XP 中使用键盘除按键名输入外，还经常使用组合键。组合键的格式如下：

键名 1 + 键名 2

它表示在按下键名 1 后不要松开，再按下键名 2，然后释放这两个键。

例如：Ctrl + Esc 表示按下 Ctrl 键后不要松开，再按下 Esc 键，然后释放这两个键。其功能是打开“开始”菜单。

Windows XP 为用户提供了 2 种打开项目的方式：

➢ 通过双击打开项目（单击时选定）。例如，在桌面上鼠标单击“回收站”，就选中“回收站”；鼠标双击“回收站”，就打开“回收站”。

➢ 通过单击打开项目（指向时选定）。例如，鼠标指向“回收站”，就选中“回收站”；鼠标单击“回收站”，就打开“回收站”。

用户可以选择自己喜欢的打开项目的方式。

操作步骤

①单击“开始”按钮→“控制面板”命令。

②在“控制面板”窗口中选“外观和主题”。

③在“外观和主题”窗口中选“文件夹选项”，打开“文件夹选项”对话框，如图 2-5 所示。

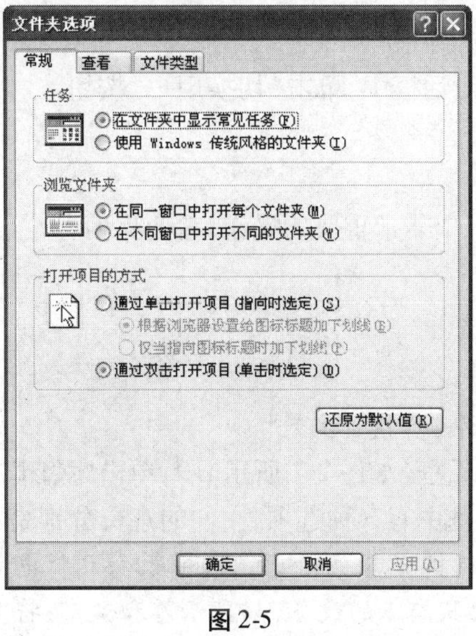

图 2-5

④在“文件夹选项”对话框中，单击“常规”标签，选定打开项目方式。

⑤单击“确定”按钮。

三、注销和切换用户

Windows XP 既支持单机下不同用户以各自身份登录使用 Windows XP，又支持网络中不同的用户通过登录本机使用网络。

1. 注销用户

注销当前用户之后，系统退出原用户的状态，该用户正在运行的程序将关闭，返回到登录对话框，用户可以重新选择用户登录。

操作步骤

①单击“开始”→“注销”命令。

②在“注销 Windows”对话框（如图 2-6 所示）中，单击“注销”按钮。

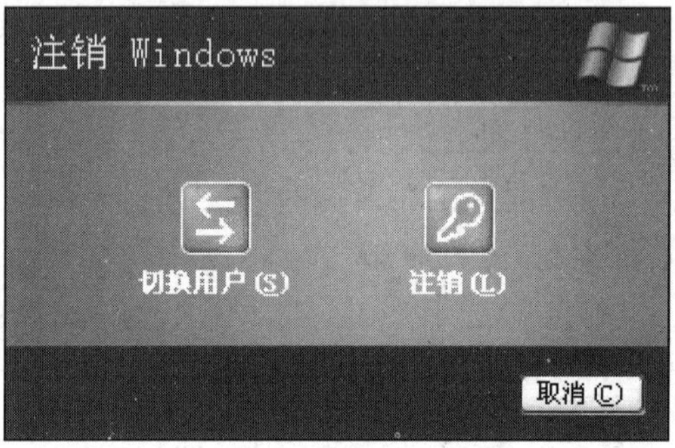

图 2-6

2. 切换用户

重新以别的用户账户登录，此时当前用户正在运行的程序将继续运行。

操作步骤

①单击“开始”→“注销”命令。

②在“注销 Windows”对话框中，单击“切换用户”按钮。

四、关闭 Windows XP

关闭 Windows XP 是一个非常重要的操作，它会将内存中的信息自动写回到硬盘中，为下次启动做好准备。

操作步骤

①单击“开始”→“关闭计算机”命令。

②在“关闭计算机”对话框（如图 2-7 所示）中，单击“关闭”按钮。

在“关闭计算机”对话框中有 3 种选项，它们的意义分别是：

- **待机**　计算机转入待机状态，整个计算机将切换到低电量状态，计算机内存中的所有信息将保存到硬盘上，此状态下的设备，如显示器和键盘，将会关闭，而且计算机会使用

图 2-7

更少的电能。想重新使用计算机时,它将快速退出待机状态,并将桌面精确恢复到待机前的状态。

• **关闭** 保存更改后的全部 Windows 设置,并将当前存储在内存中的全部信息写入硬盘中,最后关闭计算机。

• **重新启动** 保存更改后的全部 Windows 设置,并将当前存储在内存中的全部信息写入硬盘中,然后重新启动计算机并进入到 Windows XP 系统中。

〔**练一练**〕

1. 启动 Windows XP 就是运行____________,使计算机系统处于 Windows XP 的管理状态。
2. 什么是桌面?
3. 桌面由哪些元素组成?
4. Windows XP 桌面的每一个图标代表着一个____________。
5. Windows XP 为用户提供了____________种打开项目的方式。
6. 任务栏可以帮助用户管理活动的____________。
7. 用户正在运行的每一个应用程序都在____________上有一个按钮相对应。
8. 在 Windows XP 的桌面上,用鼠标单击“任务栏”右边的____________可启动或关闭汉字输入法。
9. 当鼠标指向要操作的对象时,____________即可激活该对象的快捷菜单。
10. Windows XP 的鼠标操作有________________________。

〔**看一看**〕

你所见到的桌面上都有些什么?

〔**试一试**〕

1. 用各种方式启动 Windows XP。
2. 改变打开项目的方式。

3. 改变任务栏的位置：鼠标移到任务栏上空白处，按住鼠标左键并拖动鼠标到屏幕的另一边。
4. 改变任务栏的大小：鼠标移到任务栏边上，当鼠标变为双箭头时，按住鼠标左键并沿箭头方向移动鼠标，将调整任务栏的大小。
5. 在任务栏上添加“快速启动”。
   (1) 鼠标右击任务栏上空白处。
   (2) 鼠标指向“工具栏”。
   (3) 鼠标单击“快速启动”。
6. 隐藏任务栏。
   (1) 单击“开始”按钮，在弹出的菜单中选择“控制面板”命令。
   (2) 在“控制面板”窗口中选“外观和主题”。
   (3) 在“外观和主题”中选“任务栏和开始菜单”。
   (4) 在“任务栏和开始菜单属性”对话框(如图 2-8 所示)中选“任务栏”标签。

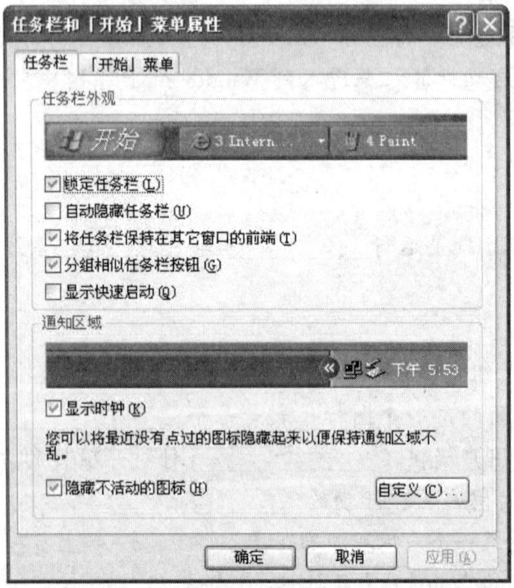

图 2-8

   (5) 鼠标单击“自动隐藏任务栏”前的小方框。
   (6) 单击“确定”按钮。
7. 注销 Windows XP 用户。
8. 关闭 Windows XP。

〔想一想〕

应用程序最小化后都会有相应的任务栏按钮出现吗？

[课外餐]

1. 窗口操作快捷键

快捷键	功 能
Alt + Tab	在当前打开的各窗口之间进行切换(打开切换显示框)
Alt + Esc	在当前打开的各窗口之间进行切换(按打开的时间顺序切换)
Alt + Space	打开当前窗口的控制菜单
PrintScreen	将当前屏幕图像复制到剪贴板上
Alt + PrintScreen	将当前窗口、对话框或其他对象复制到剪贴板上
Alt + F4	关闭当前窗口或退出程序

2. 菜单操作快捷键

快捷键	功 能
Ctrl + Esc	打开"开始"菜单
F10 或 Alt	激活菜单栏
Shift + F10	打开选中对象的快捷菜单
Alt + ×	打开相应的菜单(×为菜单名后的字母)

3. 对话框操作快捷键

快捷键	功 能
Tab	移到下一项
Shift + Tab	移到上一项
Ctrl + Tab	打开下一标签
Enter	选中当前选项或确认当前输入项,并关闭对话框

4. 对象操作快捷键

快捷键	功 能
Ctrl + A	选中所有显示的对象
Ctrl + X	剪切
Ctrl + C	复制
Ctrl + V	粘贴
Ctrl + Z	撤消
Del 或 Delete	删除选中对象
Shift + Delete	永久删除选中对象,而不将它放到"回收站"中
F1	显示被选中对象的帮助信息

5. 自定义桌面

任务二　Windows XP 的窗口、菜单、对话框

〔读一读〕

一、账户

Windows XP 操作系统中可以拥有几个不同的用户，每个用户对系统的设置可以不同，用户拥有自己的账户名和密码，并同时拥有管理员赋予的各种权限。用户在登录时选择自己的账户名，并输入预先设定的密码即可进入自己设定的操作系统界面。

Windows XP 中有 2 种用户账户类型：计算机管理员账户和受限账户。计算机管理员账户允许用户对计算机所有设置进行更改。受限账户只允许对某些设置进行更改。

1．创建账户

操作步骤

①单击“开始”→“控制面板”命令。

②在“控制面板”窗口中，单击“用户账户”选项。

③在“用户账户”窗口（如图 2-9 所示）中，单击“创建一个新账户”选项。

图 2-9

④输入新用户名，单击“下一步”按钮。

⑤选定账户类型，单击“创建账户”按钮。

2．删除账户

操作步骤

①单击“开始”→“控制面板”命令。

②在“控制面板”窗口中，双击“用户账户”选项。

③在“用户账户”窗口中，单击要删除的账户。

④单击“删除账户”选项。

⑤单击“删除文件”按钮。

⑥单击“删除账户”按钮。

二、窗口

1. 概念

窗口是用户操作 Windows XP 的基本对象。每个打开的程序或文件夹都显示在一个窗口中，一次可以打开多个窗口，但是，任何时刻都只有一个窗口是活动窗口。

2. 窗口的构成元素

窗口的组成如图 2-10 所示。

图 2-10　窗口的组成

- **标题栏**　位于窗口顶部，显示窗口的名字，也就是正在运行的应用程序或文件夹、文件的名称。其左端是控制菜单图标，右端是最小化按钮、最大化按钮和关闭按钮。
- **菜单栏**　位于标题栏的下面，列出该窗口可用的菜单名。用鼠标单击菜单名，会弹出一个下拉菜单，每个菜单包含一系列命令，其中黑色的命令表示当前可以执行，灰色的命令表示当前不能执行。
- **工具栏**　其上有一系列小图标，单击图标可以完成一种功能。工具图标的功能在菜单命令中都有，它为用户提供了快速操作的途径，可以不必逐级打开菜单就能执行一个常用命令。
- **地址栏**　在“地址”后的文本框内显示窗口的位置。用户可以输入文件夹名、磁盘驱动器名、局域网络上某计算机地址、WWW 地址，以打开相应的窗口。
- **工作区**　是用户主要的工作地方，是窗口的主体。通常显示当前可执行的任务和操作对象，用户可从中选择。

- **状态栏**　位于窗口下方，显示窗口的状态。
- **滚动条**　当窗口无法显示所有内容时，便会出现滚动条。垂直滚动条使窗口内容上下翻滚，水平滚动条使窗口内容左右翻滚。

3. 基本操作

(1) 移动窗口

将鼠标指向窗口的"标题栏"，然后拖动鼠标到所需要的位置。

(2) 改变窗口大小

将鼠标指向窗口的边框或角，鼠标指针自动变成双箭头，沿箭头方向拖动鼠标，将改变窗口的大小。

(3) 窗口最大化

鼠标单击"最大化"按钮，或鼠标双击"标题栏"，将使窗口充满整个屏幕。

(4) 窗口最小化

鼠标单击"最小化"按钮，将使窗口缩小为任务栏上的一个按钮或小图标。

(5) 窗口还原

鼠标单击"还原"按钮，将使窗口从最大化还原为窗口大小。

(6) 滚动窗口内容

有以下几种方式：

- 鼠标单击滚动按钮，窗口内容沿箭头方向移动一行(或列)。
- 鼠标指向滚动按钮，然后按住鼠标左键不放，窗口内容沿箭头方向连续移动。
- 鼠标单击滚动按钮与滑块之间，窗口内容沿箭头方向移动一屏。
- 鼠标拖动滚动滑块，窗口内容沿拖动方向移动。
- 滚动鼠标滑轮。

(7) 排列窗口

鼠标右击"任务栏"的空余部分，然后从弹出的如图2-11所示的快捷菜单中选择窗口排列方式。

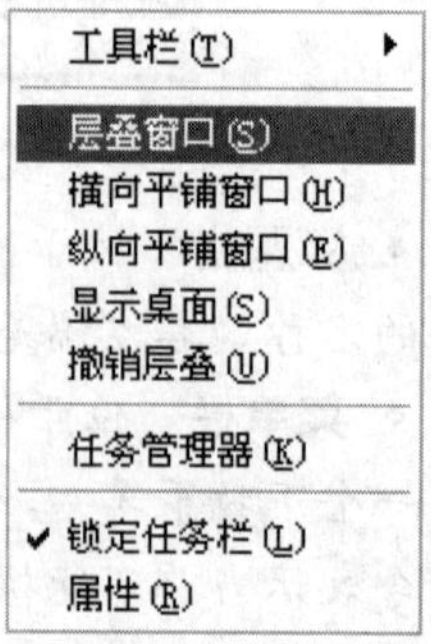

图2-11

(8) 切换窗口

有以下几种方式：

- 鼠标单击"任务栏"上的窗口图标。
- 鼠标单击所需要的窗口。
- 按快捷键 Alt + Esc 或 Alt + Tab。

(9) 关闭窗口

有以下几种方式：

- 鼠标单击"关闭"按钮。
- 鼠标双击控制菜单图标。
- 鼠标单击控制菜单图标，选择"关闭"命令。
- 鼠标单击"文件"，选择"关闭/退出"命令。
- 按 Alt + F4 键。

三、菜单

1. 概念

菜单是一系列命令的集合，通常又称菜单命令为菜单项。

2. 类型

菜单可分为以下几种类型：

- **开始菜单** 包含了用户管理计算机和运行应用程序的全部操作。
- **菜单栏菜单** 包含应用程序的全部操作命令。由于命令很多，常把这些命令分为几组，每一组有一个菜单名。图 2-12 是“我的电脑”的菜单栏，它分为 6 组，菜单名为：文件、编辑、查看、收藏、工具和帮助。

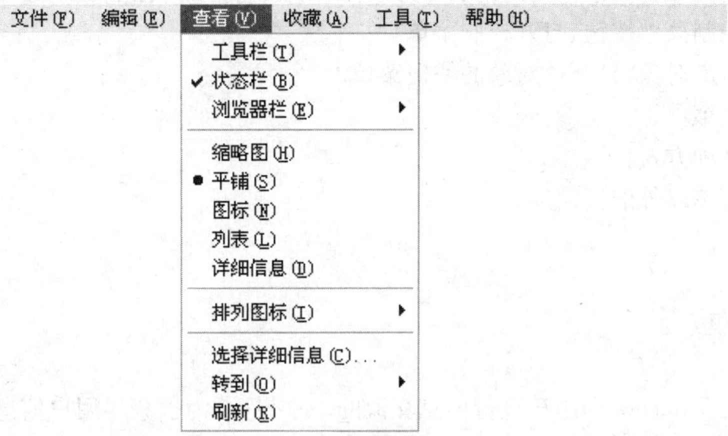

图 2-12

- **级联菜单** 又称子菜单，它是在打开的菜单中选择带有符号“▶”的命令项时打开的菜单。
- **控制菜单** 任何一个窗口和对话框都有一个控制菜单，在“标题栏”左端有一个控制菜单按钮，单击这个按钮或按 Alt +空格键，就可打开控制菜单。
- **快捷菜单** 在 Windows XP 中，对任何对象右击鼠标，将出现一个菜单，其中包含对该对象的常用操作命令，由于这个菜单为用户提供了一条执行命令的快捷途径，所以又称其为快捷菜单。

3. 说明

- **可用命令** 菜单中以黑色字符显示的命令。
- **不可用命令** 菜单中以灰色字符显示的命令。
- **快捷键** 用户可以在未打开菜单的状态下，通过键盘用这些快捷键直接执行相应的菜单命令。
- **带下划线字母** 当菜单开启时，键入带下划线字母，可执行相应的菜单命令。
- **符号“...”** 如果命令后面带有省略号“...”，表示选择该命令后，将弹出一个对话框要求用户输入信息。
- **符号“√”** 当命令项左边出现一个复选标记“√”时，表示该命令正在发挥作用；再次选择该命令，命令左边的标记“√”消失，表示该命令不起作用。
- **符号“•”** 有些菜单命令中，有一组命令，每次只能有一个命令被选中，当前选中的命令左边出现一个单选标记“●”。

● **符号“▸”** 如果命令项右边带有一个向右的箭头“▸”，当鼠标指向该命令后，会弹出一个级联菜单。

4. 基本操作

(1) 打开菜单

有以下几种方式：

➢ 单击“开始”按钮，打开开始菜单。

➢ 单击菜单名，打开菜单栏菜单。如果要转换到同一菜单栏上的其他菜单，可以直接用鼠标指向相应菜单名。

➢ 鼠标指向带有一个向右的箭头“▸”的命令项，打开级联菜单。

➢ 单击控制菜单按钮，打开控制菜单。

➢ 鼠标右击对象，打开该对象的快捷菜单。

(2) 关闭菜单

有以下几种方式：

➢ 单击菜单以外的任何地方。

➢ 按 Esc 键。

四、对话框

1. 概念

对话框是 Windows 和用户进行信息交流的一个界面，为了获得用户信息，Windows 会打开对话框向用户提问，用户可以通过回答问题来完成对话。Windows 也使用对话框显示附加信息和警告，或解释没有完成操作的原因。

2. 构成元素

不同的对话框，其组成元素不尽相同，但其基本结构大同小异。下面以图 2-13 所示的“显示属性”对话框为例进行介绍。

● **标题栏** 包含对话框的名称、“帮助”按钮和“关闭”按钮。单击“帮助”按钮，然后单击某个项目，可获得有关该项目的帮助信息。

● **标签** 通过选择标签可以在对话框的几组功能中选择一组。

● **命令按钮** 选择命令按钮可立即执行一个命令。如果命令按钮呈灰色，表示该按钮是不可用的；如果一个命令按钮名字后跟有省略号“...”，表示选择该命令又会弹出一个对话框。对话框中常见的命令按钮有“确定”和“取消”。

● **下拉列表框** 主要用于选择多重的项目，选中的项目将在列表栏内显示。当单击列表框右边的向下箭头时，将出现一个列表选项供用户选择。

● **列表框** 列出多个选项供选择。如果选项较多，不能一次全部显示在列表框中，系统会提供滚动条。

● **文本框** 用于接受用户输入文本信息的矩形区域。

● **单选按钮** 用于在一组选项中选择一个，且只能选择一个，被选中的按钮上出现一个黑点。

● **复选框** 列出可供选择的任选项，可以根据需要选择一个或多个任选项。复选框被选中后，在框中会出现“√”。在空白选择框上单击便可选定它，再次单击这个选择框

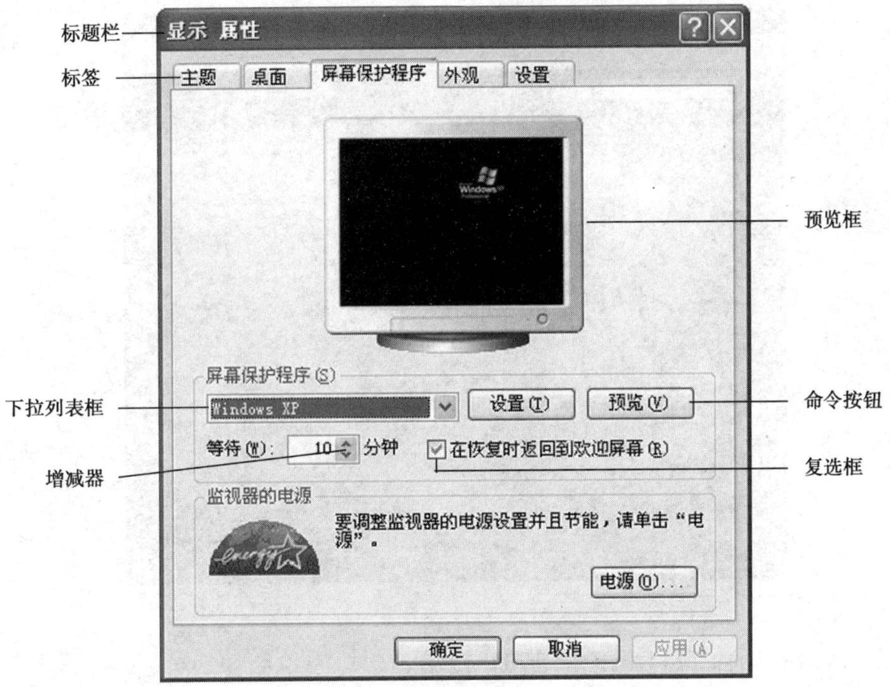

图 2-13

便可清除它。

● **预览框**　用于预览文本或图形。由于预览框的大小通常比较小，因此浏览大尺寸位图或文本的速度通常比较快。

● **增减器**　用于选定一个数值。它是由数值框、增加按钮和减少按钮组成。在增减器中，单击向上箭头的增加按钮，可增加数值；单击向下箭头的减少按钮，可减少数值。也可以在数值框中直接输入需要的数值。

● **滑标**　左右拖动滑标可以改变数值大小，一般用于调整参数。

3. 基本操作

(1) 移动对话框

拖动对话框的标题栏，可将对话框移到所需要的地方。

(2) 关闭对话框

有以下几种方式：

➢ 单击“确定”按钮，则关闭对话框并开始执行命令。

➢ 单击“取消”按钮，则关闭对话框，但不执行命令。

➢ 单击标题栏上的“关闭”按钮，则关闭对话框，但不执行命令。

➢ 按 Esc 键，则关闭对话框，但不执行命令。

五、帮助系统

Windows XP 提供了功能强大的帮助系统，用户可以获得任何项目的帮助信息，如图 2-14 所示。获得帮助的常用方法有以下几种：

➢ 单击“开始”按钮，然后选择“帮助和支持”命令。

➢ 在“窗口”菜单栏上单击“帮助”。

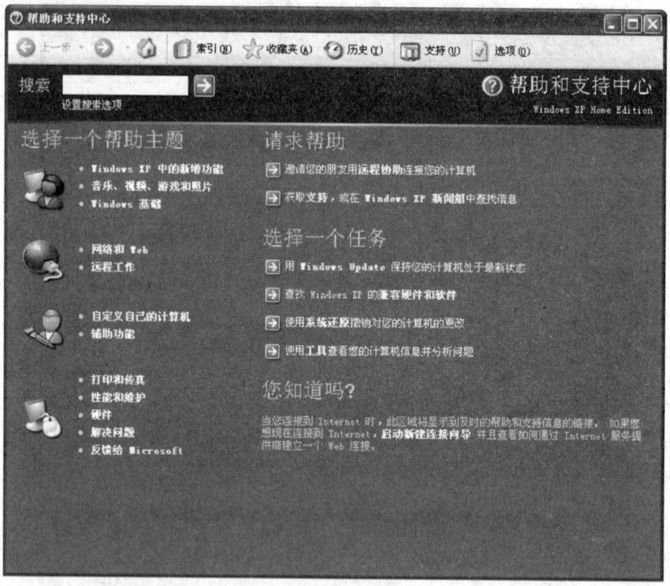

图 2-14

➢ 在“对话框”的标题栏上单击“帮助”按钮。

〔练一练〕

1. 下列不能对窗口进行的是(　　)。
   A. 最小化　　B. 最大化　　C. 调节大小　　D. 改变形状
2. 使对话框中的设置生效,并关闭对话框的按钮是(　　)。
   A. 确定　　B. 取消　　C. 应用　　D. 设置
3. 下列项目中,不是窗口必定出现的组成元素是(　　)。
   A. 工具栏　　B. 地址　　C. 菜单栏　　D. 标题栏
4. 窗口和对话框的区别,在操作上对话框没有(　　)操作。
   A. 关闭　　B. 移动　　C. 改变大小
5. 在 Windows XP 中,对话框没有(　　)按钮。
   A. 关闭　　B. 确定　　C. 取消　　D. 最小化
6. 在 Windows XP 许多应用程序的“文件”菜单中,都有“保存”和“另存为”2 个命令,下列说法中正确的是(　　)。
   A. “保存”命令只能用原文件名存盘,“另存为”不能用原文件名
   B. “保存”命令不能用原文件名存盘,“另存为”只能用原文件名
   C. “保存”命令只能用原文件名存盘,“另存为”也能用原文件名
   D. “保存”和“另存为”命令都能用任意文件名存盘。
7. 在下列关于菜单命令的说法中,不正确的是(　　)。
   A. 带省略号“...”的命令执行后会打开一个对话框
   B. 命令前有符号“√”表示该命令有效
   C. 当鼠标指向带有符号“▶”的命令时会弹出一个子菜单
   D. 命令项呈灰色,表示相应的程序被破坏

8. 下列说法不正确的是(　　)。

A. 任务栏可以自动隐藏

B. 窗口中的工具栏可以隐藏

C. 窗口中的工具栏的位置可以改变

D. 每个窗口都会出现滚动条

9. 菜单中的命令项后跟有(　　)符号时,选择该命令将弹出一个子菜单。

A. 向右的黑色三角形“▸”　　B. Ctrl

C. Ctrl + X　　D. …

10. 下列操作不能关闭窗口的是(　　)。

A. 双击控制菜单栏

B. 按 Ctrl + F4

C. 从“文件”菜单中选“关闭/退出”命令

D. 单击标题栏上的☒按钮

11. 在 Windows XP 中,下列操作(　　)不能激活某窗口。

A. 单击该窗口的任意位置

B. 单击该窗口对应的任务栏按钮

C. 双击该窗口的控制菜单

D. 右击任务栏按钮,从弹出的菜单中选择最大化命令

〔试一试〕

1. 创建一个受限的账户。
2. 移动窗口。
3. 改变窗口大小。
4. 窗口最大化。
5. 窗口最小化。
6. 窗口还原。
7. 滚动窗口内容。
8. 排列窗口。
9. 切换窗口。
10. 关闭窗口。
11. 打开“开始”菜单,打开所有程序级联菜单,关闭菜单。
12. 打开“我的电脑”的“查看”菜单,关闭菜单。
13. 打开“我的电脑”的“控制”菜单,关闭菜单。
14. 打开“回收站”的快捷菜单,关闭菜单。
15. 打开“文件夹选项”对话框,移动对话框,关闭对话框。

〔想一想〕

菜单栏菜单和快捷菜单能否相互替代?

〔看一看〕

记录一个计算机操作高手在一次使用计算机过程中，用了多少次操作命令？其中有多少次使用菜单栏菜单？有多少次使用快捷菜单？

〔课外餐〕

阅读“帮助和支持”的内容。

模块三 Mokuaisan

Windows XP 的文件管理

学完本模块你应该：

- 理解文件及文件夹概念
- 熟悉“我的电脑”
- 熟悉“资源管理器”
- 掌握浏览文件、文件夹的方法
- 掌握查找文件、文件夹的方法
- 掌握选定文件、文件夹的方法
- 掌握创建文件夹的方法
- 掌握文件的打开与退出
- 掌握复制文件的方法
- 掌握移动文件的方法
- 熟悉回收站，掌握删除文件的方法，掌握还原文件的方法
- 掌握文件重命名法

任务一　浏览文件、文件夹

〔读一读〕

一、基本概念

1. 文件

文件是有名称的一组相关信息的集合，是 Windows XP 中最基本的存储单位。

(1)文件名

文件名是存取文件的依据，在 Windows XP 中文件命名规则是：

①最多可以有 255 个字符。

②可以有不超过 3 个字符的扩展名，用以标识文件类型和创建此文件的程序。

③可以有空格，但不能有下列字符：

\　/　:　*　?　"　<　>　|

④不区分英文字母大小写。

⑤可使用多分隔(.)。

⑥查找和显示时可使用通配符(*和?)。

⑦可以使用汉字。

(2)文件图标

文件图标由打开该文件的应用程序决定。当文件为未知类型或者打开该文件的应用程序没有安装或者没有注册到 Windows XP 中，则该文件没有相应的图标，此时，系统显示图标为。

(3)文件属性

系统为文件设置了 3 种属性：

- **只读**　不能进行修改文件内容的操作。
- **隐藏**　可以不出现在目录列表中。
- **存档**　是否执行备份的依据，是系统默认属性。

2. 文件夹

文件夹可以看作是一个容器，它用于“盛放”文件和文件夹。在 Windows XP 中，文件夹的命名规则与文件相同，图标为。

文件夹中“盛放”的文件夹，称为子文件夹。

〔注意〕

同一文件夹中的文件不能同名。

3. 路径

在 Windows XP 中,路径指文件和文件夹的具体位置。如果路径以驱动器号开头,后跟该文件或文件夹的每级文件夹名,则该路径为完整路径;否则,为不完整路径。

通常,在窗口的地址栏上显示的就是当前对象的路径。

4. 快捷方式

快捷方式文件是一种特殊文件。一个快捷方式文件对应于一个应用程序、一个文档或设备(如打印机)。一个快捷方式文件的图标右下角有一个曲线箭头。用鼠标双击快捷方式图标可启动对应的应用程序、打开一个文档或设备。

二、我的电脑

使用"我的电脑"可以进入到资源浏览状态,可以浏览本地及网上的硬件和软件资源。

单击"开始"按钮,在"开始"菜单中选"我的电脑",就可打开"我的电脑"窗口,如图 3-1 所示。

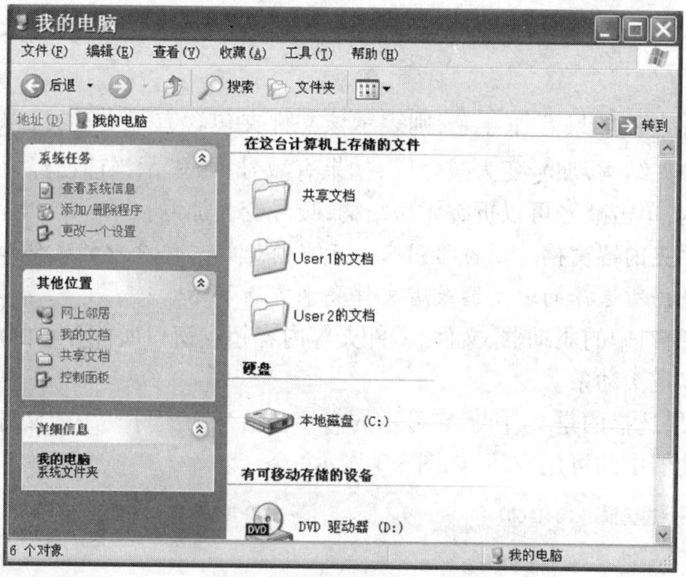

图 3-1

三、资源管理器

1. 启动

有以下几种方式:

➢ 单击"开始"→"所有程序"→"附件"→"Windows 资源管理器"命令。

➢ 单击"开始"按钮,右击"我的电脑",选"资源管理器"。

➢ 右击"开始"按钮,选"资源管理器"。

2. 结构

资源管理器窗口如图 3-2 所示,其中标题栏、菜单栏、工具栏、滚动条、状态栏的作用与其他窗口的对应项相似,在这里不再重述。

• **文件夹窗格** 以树型列表方式显示 Windows XP 系统中所有的驱动器和文件夹。这继承了以往 Windows 文件窗格的风格。

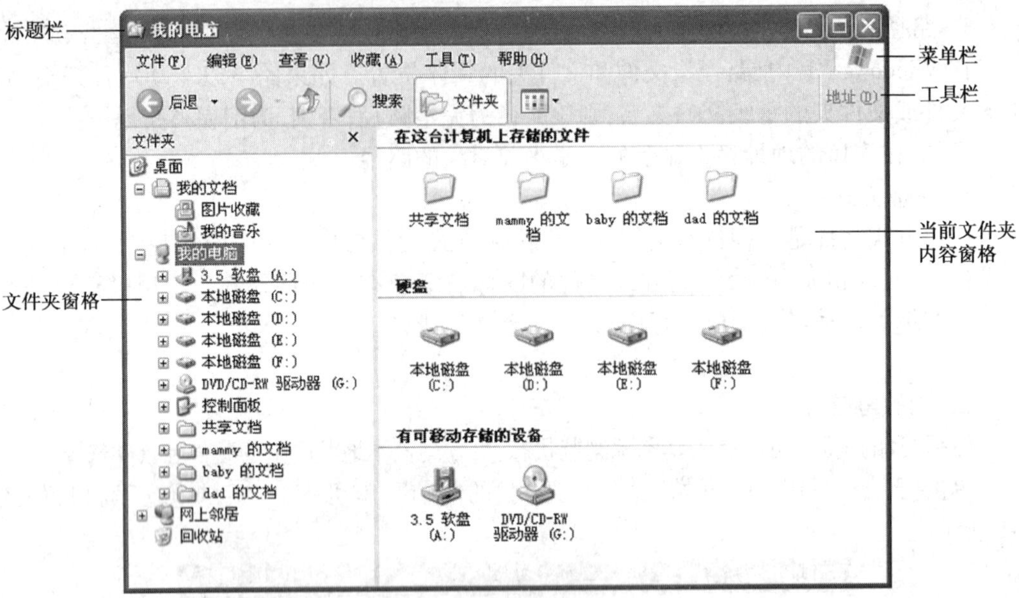

图 3-2

文件夹图标左侧如果有加号⊞，则表示该文件夹包含有子文件夹，单击加号将以树型结构展示文件夹结构，加号变为减号⊟；如果有减号⊟，表示当前已经显示出该文件夹的子文件夹结构，单击减号可以折叠树型结构，减号变为加号。

• **当前文件夹内容窗格** 此窗格用来显示当前选择文件夹中的文件和子文件夹。窗格中的内容会根据所选择的驱动器或者文件夹来重新显示。

滚动条：当窗口中的驱动器、文件、文件夹等内容超过窗口所能显示的空间时，在窗口底部和右边将出现滚动条。

状态栏：如果选择的是文件夹，它显示的内容包括当前文件夹中的文件个数及占用的空间和当前驱动器中的可用空间，如图 3-3 所示。

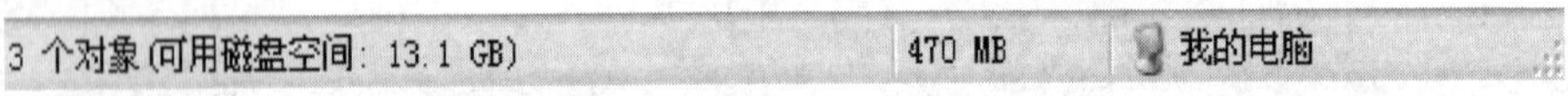

图 3-3

3. 改变文件的显示方式

在当前文件夹内容窗格中显示的文件和文件夹可以有多种不同的显示方式，以便用户进行查看。资源管理器一共提供了 5 种显示方式：缩略图、平铺、图标、列表和详细信息。

单击工具栏上的“查看”按钮，用户可以根据需要选择其中一种显示方式。

4. 图标的排列

在查看当前文件夹内容时，面对杂乱的文件有时会眼花缭乱，Windows XP 为我们提供了很好的图标排列方式。

右击当前文件夹内容窗格空白处，在弹出的快捷菜单中选择“排列图标”选项，在级联菜单中根据需要选择图标排列方式，如图 3-4 所示。

• **名称** 按图标名称的字母或者汉字的声母顺序排列图标。

• **大小** 按文件所占空间大小顺序排列图标。

• **类型** 按文件类型来排列图标。

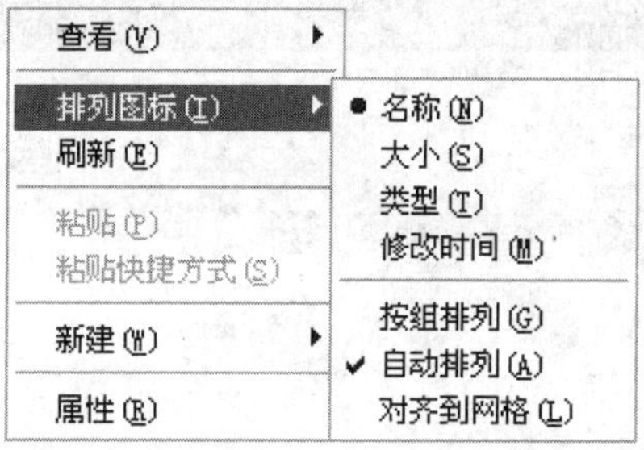

图 3-4

- **修改时间** 按文件最后被修改的时间前后排列图标。
- **按组排列** 按文件名分组进行排列。
- **自动排列** 图标以列为顺序排列。
- **对齐到网格** 将图标固定在指定的位置,该位置由不可见的网格线组成。

5. 选定文件及文件夹

选定文件或文件夹是一种非常重要的操作,因为 Windows XP 的操作风格是先选定操作对象,然后选择执行操作的命令。

- **选定单个文件或文件夹** 单击所要选定的文件或文件夹。
- **选定多个连续排列的文件或文件夹** 单击所要选定的第一个文件或文件夹,然后按住 Shift 键,单击最后一个文件或文件夹。
- **选定多个不连续排列的文件或文件夹** 单击所要选定的第一个文件或文件夹,然后按住 Ctrl 键,单击剩余的每一个文件或文件夹。
- **拖动鼠标选定文件或文件夹** 在当前文件夹内容窗格中拖动鼠标,出现一个虚线框,释放鼠标键,将选定虚线框中的所有文件或文件夹。
- **选定当前文件夹下所有文件或文件夹** 从“编辑”菜单中选择“全部选定”命令,将选定当前文件夹下所有文件或文件夹;从“编辑”菜单中选择“反向选择”命令,将选定当前文件夹中除已选定的所有文件或文件夹。

四、回收站

Windows XP 使用回收站来存储被删除的文件及文件夹,用回收站可以恢复误删除的文件及文件夹,也可以永久删除不再需要的文件及文件夹以释放更多的磁盘空间。回收站图标是 Windows XP 桌面上惟一的一个系统图标,当回收站为空时,图标显示为;当回收站非空时,图标显示为。

1. 启动

双击桌面上的回收站图标,可以打开回收站窗口,如图 3-5 所示。

2. 清空回收站

➢ 在回收站窗口中,单击“回收站任务”窗格中的“清空回收站”命令。

➢ 右击桌面上回收站图标,在弹出的快捷菜单中选“清空回收站”命令。

3. 更改回收站的容量

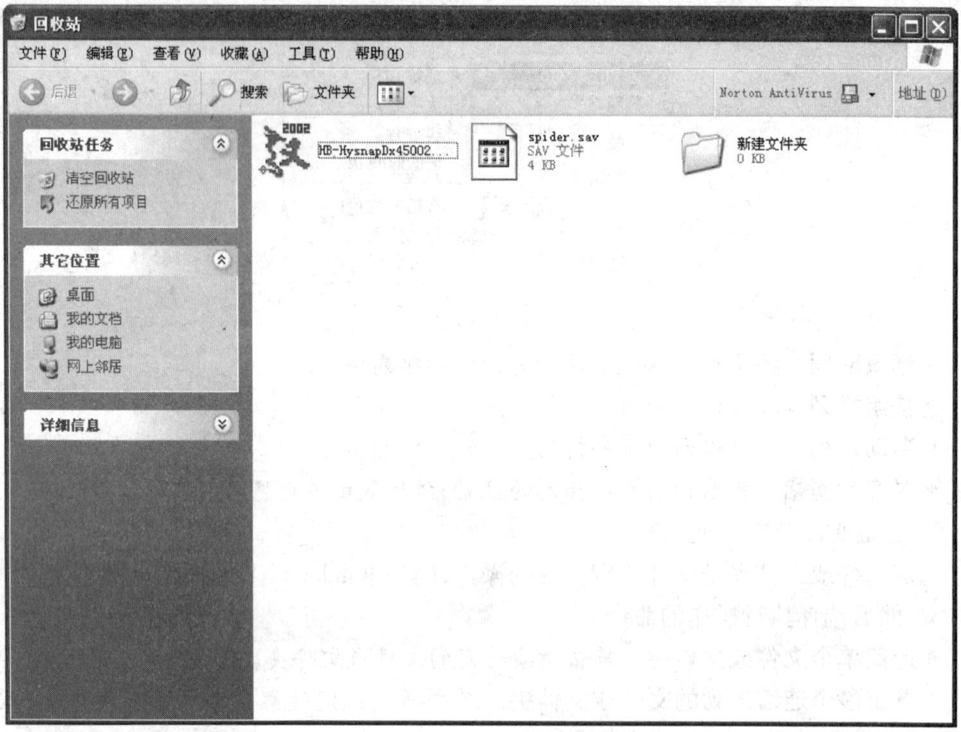

图 3-5

操作步骤

①右击桌面上回收站图标,在弹出的快捷菜单中选“属性”,打开“回收站属性”对话框,如图 3-6 所示。

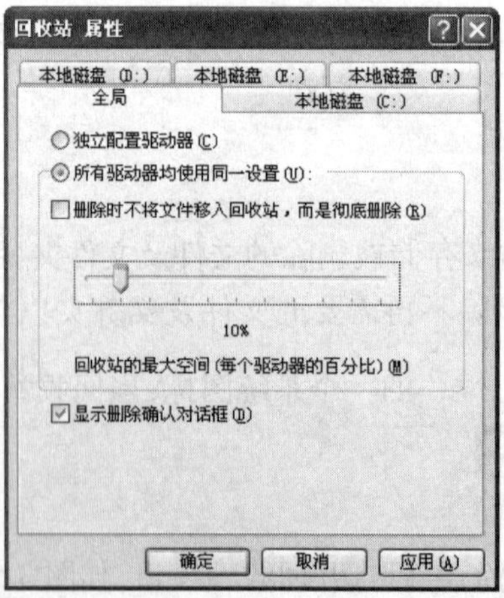

图 3-6

②单击“全局”标签,拖动滑块,调整回收站的容量。

③单击“确定”按钮。

五、浏览文件及文件夹

浏览文件及文件夹的方法很多,在此仅介绍用“我的电脑”浏览文件及文件夹的方法。

操作步骤

①单击“开始”→“我的电脑”命令，打开“我的电脑”窗口。

②双击“我的电脑”窗格中的对象，就可以查看里面的内容。

六、查找文件及文件夹

Windows XP 具有强大的文件搜索功能，利用该功能可以使我们方便地寻找符合我们要求的文件及文件夹。

①打开“搜索助理”。

- 启动资源管理器，单击工具栏中的“搜索”按钮。
- 单击“开始”→“搜索”命令。

②在“搜索助理”窗格中，选择你要查找什么，如图 3-7 所示。

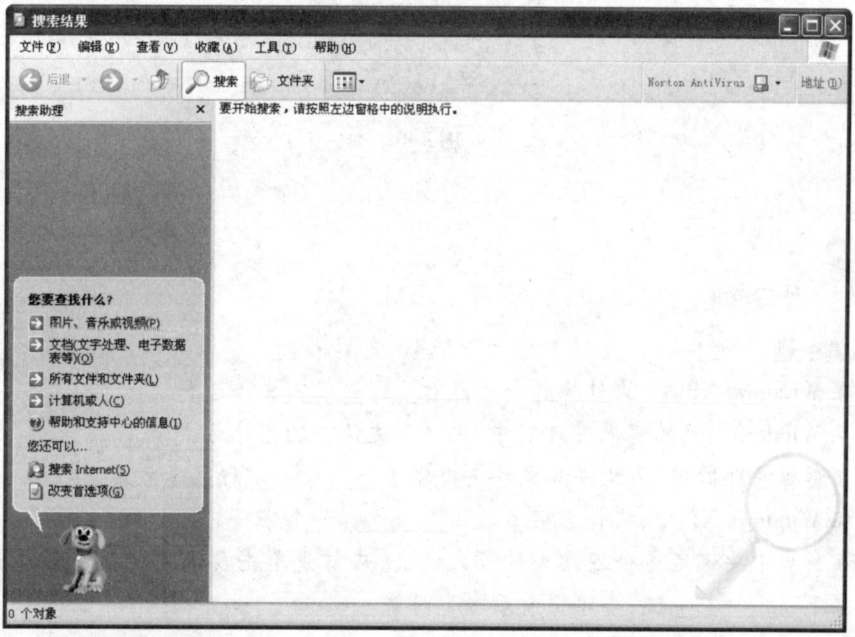

图 3-7

③在如图 3-8 所示的对话框中确定搜索标准，然后单击“搜索”按钮。

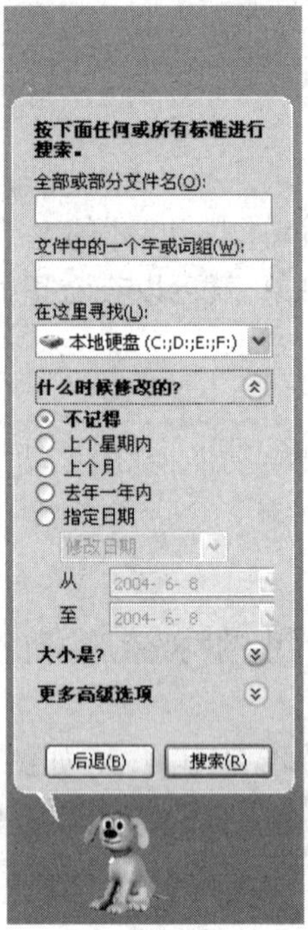

图 3-8

〔练一练〕

一、填空题

1. 在 Windows XP 中,文件操作一次能对__________文件进行。
2. 在 Windows XP 的资源管理器中,文件和文件夹的排序方式有__________种。
3. 在资源管理器中,为文件和文件夹提供了__________种显示方式。
4. 在 Windows XP 中,文件名最多使用__________个字符。
5. 在窗口中要选定多个连续文件或文件夹,应首先单击要选定的第一个对象,然后按下__________键,再单击最后一个对象。

二、选择题

1. 下列文件名书写正确的是(　　)。
   A. SHY. SYS　　B. ABC + EXE. BAS
   C. PAVSE;DRG　　D. ASD > XYZ. EXE
2. 选择多个不连续的文件或文件夹,应按住(　　)键。
   A. Shift　　B. Tab　　C. Ctrl　　D. Alt
3. 下列关于在 Windows XP 文件名的说法中,不正确的是(　　)。
   A. 文件名可以用汉字
   B. 文件名可以用空格
   C. 文件名最长可达 8 个字符

D. 文件名最长可达255个字符

4. 用户在对文件进行操作之前要先选择文件，选择文件不可以选择(　　)。

A. 不同文件夹中多个文件或文件夹

B. 同一文件夹中连续的多个文件或文件夹

C. 一个文件或文件夹

D. 同一文件夹中不连续的多个文件或文件夹

5. 在Windows XP中，文件的属性无(　　)。

A. 存档　　B. 系统　　C. 只读　　D. 隐藏

6. 在Windows XP中，查找文件不能(　　)。

A. 利用文件或文件夹的“名称和位置”查找

B. 利用“日期”查找

C. 利用文件的大小查找

D. 利用文件的属性查找

〔试一试〕

1. 启动资源管理器。
2. 将文件的显示方式设为“详细信息”。
3. 按文件最后被修改的时间先后排列图标。
4. 查找所有的.Gif文件。
5. 查找上个月建立或修改过的文件。
6. 查找小于100 kB的.jpg文件。
7. 在“我的电脑”中查找音乐类文件。

〔想一想〕

“我的电脑”与“资源管理器”的相同点和不同点。

〔看一看〕

到图书室或档案室了解文件的组织和管理情况，看看查找文件都有哪些方法。

〔课外餐〕

设计自己的文件系统框架。

任务二　整理文件系统

〔读一读〕

一、创建新的文件夹

为了有效地管理和使用文件，可以根据需要创建文件夹，将不同类型或用途的文件进行归类存储。

1. 一般方法

操作步骤

①打开资源管理器，进入要创建新的文件夹的高一级文件夹或某个驱动器窗口。

②选择“文件”→“新建”→“文件夹”，或者用鼠标右击窗口中的空白处，在弹出的快捷菜单中选择“新建”→“文件夹”，如图 3-9 所示。完成以上操作后在窗口中将出现一个名为“新建文件夹”的文件夹。

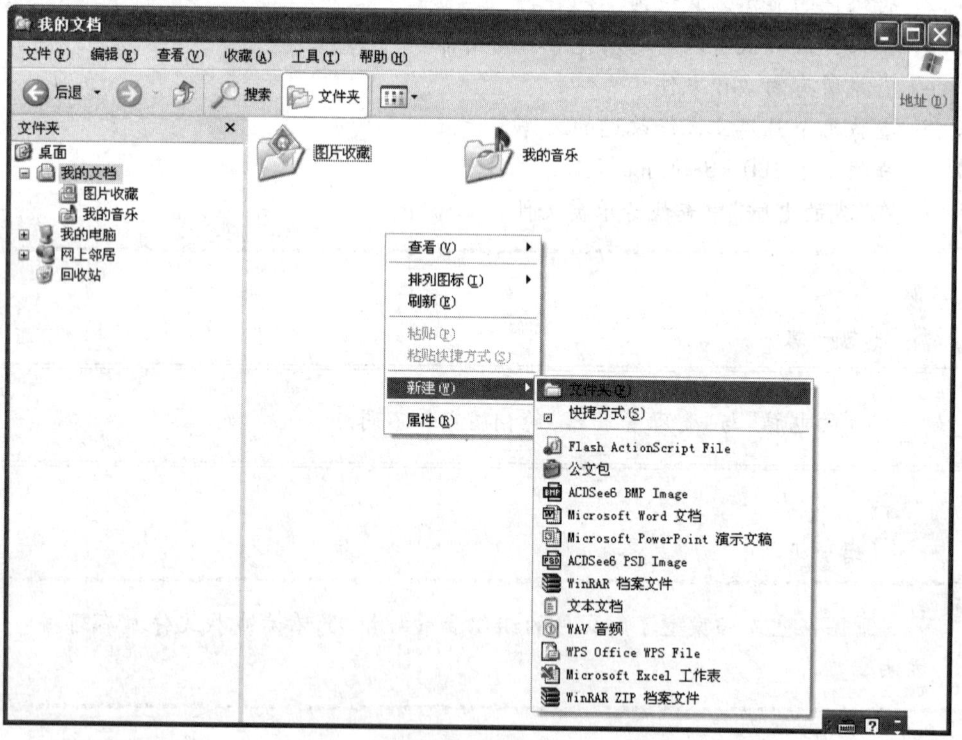

图 3-9

③在文件夹名称编辑框中，输入新的文件夹名称，然后在窗口空白处单击鼠标。

2. 保存文件时创建文件夹

操作步骤

①在"另存为"对话框的"保存位置"列表框中，选择要创建新文件夹的位置。

②单击"创建新文件夹"按钮，如图 3-10 所示。

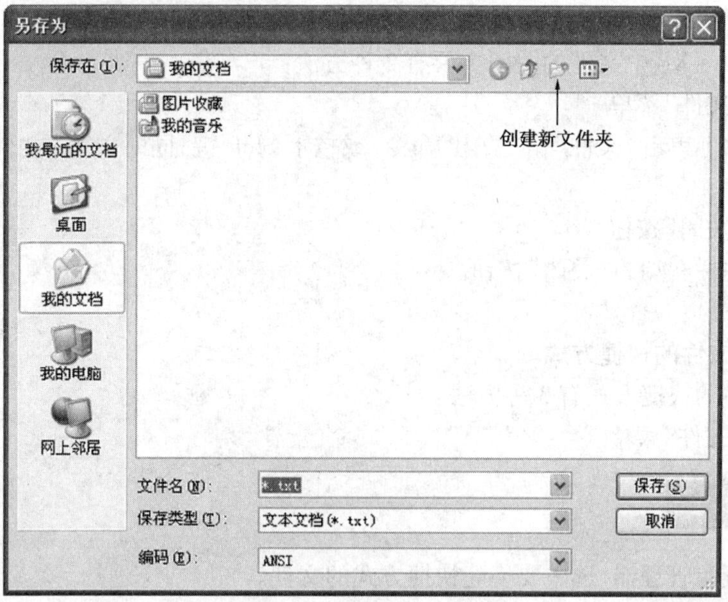

图 3-10

③在出现的"新文件夹"对话框中键入新文件夹名称。

二、打开与关闭文件

在 Windows XP 中文件的打开主要有 3 种方法：

➢ 在应用程序中利用"打开"对话框打开

操作步骤

①启动应用程序。

②在应用程序窗口的菜单栏上单击"文件"→"打开"命令。

③在"打开"对话框中指定要打开的文件，然后单击"打开"按钮。

➢ 在应用程序中利用"文件"菜单打开

操作步骤

①启动应用程序。

②在应用程序窗口的菜单栏上单击"文件"菜单。

③单击要打开的文件。

➢ 利用"我的电脑"打开

操作步骤

①打开“我的电脑”窗口。

②在“我的电脑”窗口中双击包含要打开文件的驱动器或文件夹。

③双击要打开的文件。

在 Windows XP 中文件的关闭主要有 2 种方法：

➢ 利用“文件”菜单

在菜单栏上单击“文件”→“关闭”命令；或按下 Shift 键，同时单击“文件”→“全部关闭”命令。

➢ 利用“关闭”按钮

单击标题栏右端的“关闭”按钮。

三、创建文件的快捷方式

创建文件的快捷方式有 3 种方法：

➢ 利用“文件”菜单

操作步骤

①打开资源管理器，选中要创建快捷方式的文件。

②在菜单栏上单击“文件”→“新建”→“快捷方式”命令。

➢ 利用快捷菜单

操作步骤

①打开资源管理器，右击要创建快捷方式的文件。

②在快捷菜单中选“新建”→“快捷方式”命令。

➢ 利用拖动

用右键将对象拖动至目的地，然后在弹出的快捷菜单中选择“在当前位置创建快捷方式”。

四、查看或修改文件及文件夹的属性

通过查看文件的属性，可以了解文件的类型、位置、大小、创建时间等，还可以更改文件的某些属性。

常用的查看或修改文件或文件夹的属性的方法有以下 2 种：

➢ 利用快捷菜单

操作步骤

①打开资源管理器，右击该文件，在快捷菜单中选“属性”命令，打开如图 3-11 所示的“属性”对话框。

②查看或修改属性。

③单击“确定”按钮。

➢ 利用文件菜单

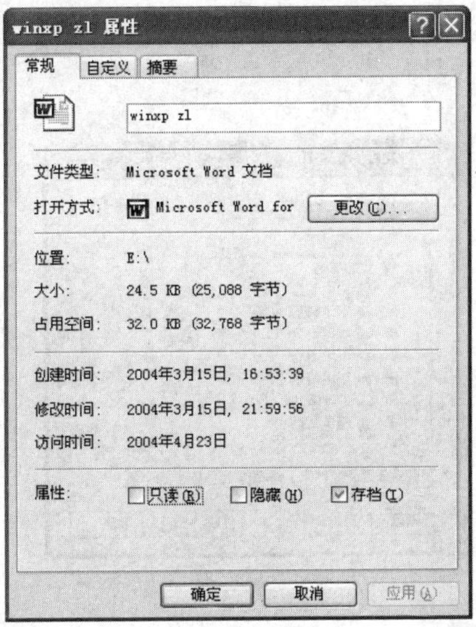

图 3-11

操作步骤

①打开资源管理器,选定文件。

②在菜单栏上单击“文件”→“属性”命令。

③查看或修改属性。

④单击“确定”按钮。

五、复制文件及文件夹

复制文件及文件夹,就是将一个驱动器或文件夹下的文件或文件夹复制一份到另一个驱动器或文件夹中,而原来的文件或文件夹仍然在原处。

常用的复制方法有以下几种。

➤ 使用“文件和文件夹任务”窗格中的复制命令

操作步骤

①打开资源管理器,选定需要复制的文件或文件夹。

②单击“文件和文件夹任务”窗格中的“复制这个文件”或“复制这个文件夹”链接命令,打开“复制项目”对话框,如图 3-12 所示。

③在“复制项目”对话框的树状目录中指定要复制的目标文件夹,单击“复制”按钮。

➤ 使用鼠标拖动复制

操作步骤

①打开资源管理器,选定需要复制的文件或文件夹。

②按住 Ctrl 键,用鼠标拖动文件或文件夹到目标驱动器或文件夹中。

③释放鼠标及 Ctrl 键。

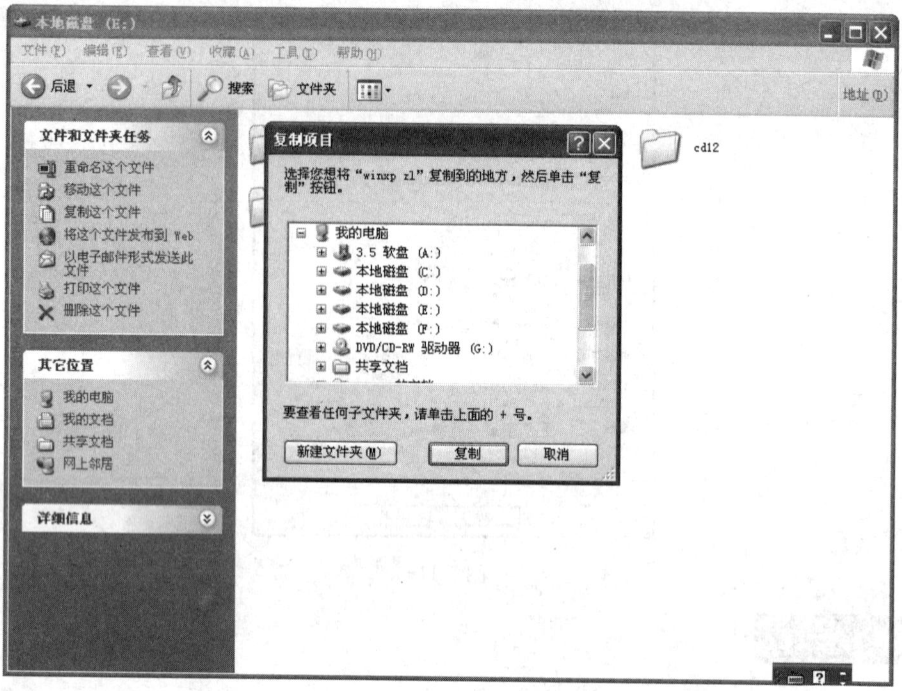

图 3-12

〔注意〕

在不同驱动器之间进行复制，拖动鼠标时，可以不按下 Ctrl 键。

➤ 使用快捷菜单复制

操作步骤

①打开资源管理器，选定需要复制的文件或文件夹。

②右击要复制的文件或文件夹，在弹出的快捷菜单中选“复制”命令。

③打开目标文件夹窗口，右击当前文件夹内容窗格空白区域，在弹出的快捷菜单中选“粘贴”命令。

➤ 使用快捷键复制

操作步骤

①打开资源管理器，选定需要复制的文件或文件夹。

②按下 Ctrl 键，单击 C 键。

③打开目标文件夹窗口，按下 Ctrl 键，单击 V 键。

➤ 使用编辑菜单复制

操作步骤

①打开资源管理器，选定需要复制的文件或文件夹。

②单击菜单栏上的“编辑”→“复制”命令。

③打开目标文件夹窗口,单击菜单栏上的“编辑”→“粘贴”命令。

六、移动文件及文件夹

移动文件及文件夹,就是将一个驱动器或文件夹下的文件或子文件夹移动到另一个驱动器或文件夹中,而原处的文件或文件夹不再存在。

常用的移动方法有以下几种。

➢ 使用“文件和文件夹任务”窗格中的移动命令

操作步骤

①打开资源管理器,选定需要移动的文件或文件夹。

②单击“文件和文件夹任务”窗格中的“移动这个文件”或“移动这个文件夹”链接命令,打开“移动项目”对话框,如图 3-13 所示。

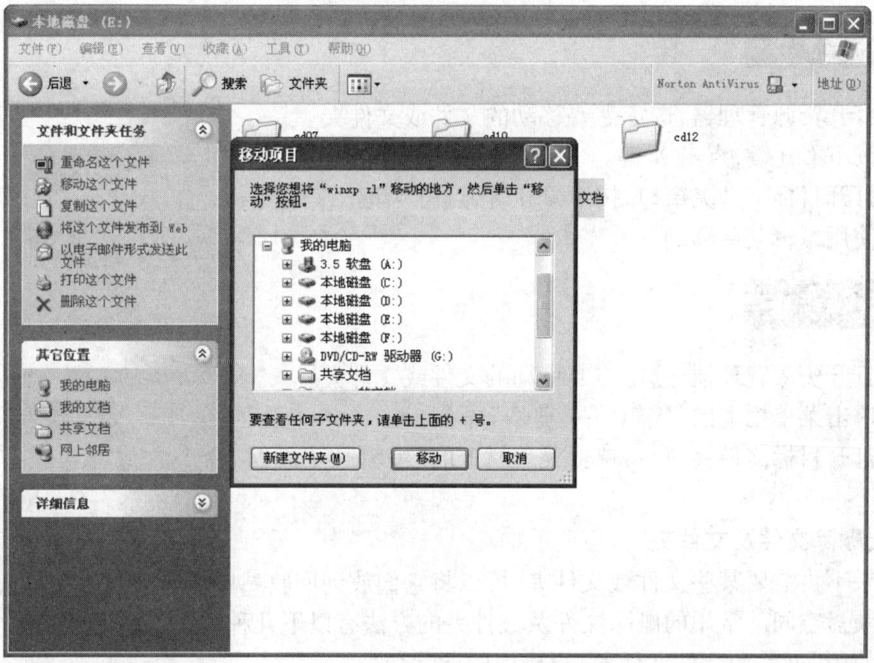

图 3-13

③在“移动项目”对话框的树状目录中指定要移动的目标文件夹,单击“移动”按钮。

➢ 使用鼠标拖动移动

操作步骤

①打开资源管理器,选定需要移动的文件或文件夹。

②按住 Shift 键,用鼠标拖动文件或文件夹到目标驱动器或文件夹中。

③释放鼠标及 Shift 键。

〔注意〕

在同一驱动器内进行移动，拖动鼠标时，可以不按下 Shift 键。

➢ 使用快捷菜单移动

操作步骤

①打开资源管理器，选定需要移动的文件或文件夹。

②右击要移动的文件或文件夹，在弹出的快捷菜单中选“剪切”命令。

③打开目标文件夹窗口，右击当前文件夹内容窗格空白区域，在弹出的快捷菜单中选“粘贴”命令。

➢ 使用快捷键移动

操作步骤

①打开资源管理器，选定需要移动的文件或文件夹。

②按下 Ctrl 键，点击 X 键。

③打开目标文件夹窗口，按下 Ctrl 键，点击 V 键。

➢ 使用编辑菜单移动

操作步骤

①打开资源管理器，选定需要移动的文件或文件夹。

②单击菜单栏上的“编辑”→“剪切”命令。

③打开目标文件夹窗口，单击菜单栏上的“编辑”→“粘贴”命令。

七、删除文件及文件夹

如果不再需要某些文件或文件夹，可以将它们放到回收站中或者从磁盘中彻底删除，以节省硬盘空间。常用的删除文件及文件夹的方法有以下几种：

➢ 使用“文件和文件夹任务”窗格中的删除命令

操作步骤

①打开资源管理器，选定需要删除的文件或文件夹。

②单击“文件和文件夹任务”窗格中的“删除这个文件”或“删除这个文件夹”链接命令，打开“确认文件删除”对话框，如图 3-14 所示。

③在“确认文件删除”对话框中单击“是”按钮。

➢ 使用鼠标拖动删除

操作步骤

①打开资源管理器，选定需要删除的文件或文件夹。

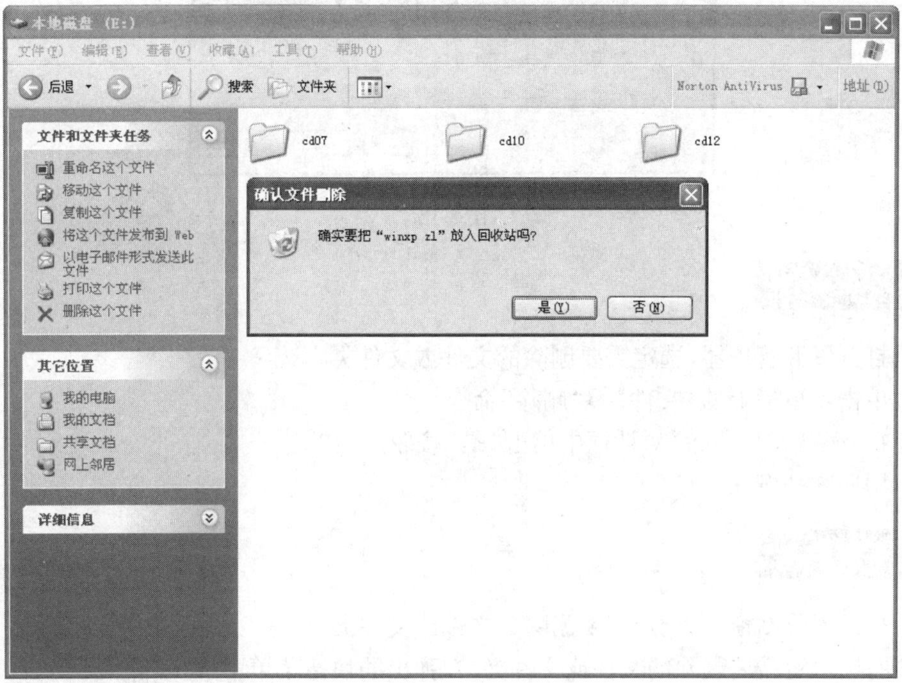

图 3-14

②用鼠标拖动文件或文件夹到回收站中。

③释放鼠标。

➢ 使用快捷菜单删除

操作步骤

①打开资源管理器,选定需要删除的文件或文件夹。

②右击要删除的文件或文件夹,在弹出的快捷菜单中选"删除"命令。

③在"确认文件删除"对话框中单击"是"按钮。

➢ 使用快捷键删除

操作步骤

①打开资源管理器,选定需要删除的文件或文件夹。

②单击 Del 键。

③在"确认文件删除"对话框中单击"是"按钮。

〔注意〕

如果想不放入回收站而直接将文件或文件夹彻底删除,可以按下 Shift 键,单击 Del 键,在出现如图 3-15 所示的对话框中,单击"是"按钮即可。

➢ 使用文件菜单删除

图 3-15

操作步骤

①打开资源管理器,选定需要删除的文件或文件夹。
②单击菜单栏上的"文件"→"删除"命令。
③在"确认文件删除"对话框中单击"是"按钮。

➢ 用回收站删除

操作步骤

①打开回收站窗口,选定需要删除的文件或文件夹。
②右击选定需要删除的文件或文件夹,在弹出的快捷菜单中选"删除"命令。
③在"确认文件删除"对话框中单击"是"按钮。

八、还原文件及文件夹

常用的还原文件及文件夹的方法有以下 2 种:

➢ 利用任务窗格

操作步骤

①打开回收站窗口,选定需要还原的文件或文件夹。
②在"回收站任务"窗格中选"还原此项目"。

➢ 利用快捷菜单

操作步骤

①打开回收站窗口,选定需要还原的文件或文件夹。
②右击选定需要还原的文件或文件夹,在弹出的快捷菜单中选"还原"命令。

九、重命名文件及文件夹

在 Windows XP 中,可以随时根据需要更改文件或文件夹的名称。

操作步骤

①选定要更名的文件或文件夹。
②执行以下操作之一,使选定的文件或文件夹名称高亮显示,并处于可编辑状态。

➢ 单击"文件和文件夹任务"窗格中的"重命名这个文件"(或"重命名这个文件夹")

命令。

➢ 选择菜单"文件"→"重命名"命令。

➢ 右击需要重命名的文件或文件夹,在弹出的快捷菜单中选择"重命名"命令。

➢ 按 F2 键。

➢ 单击被选中的文件或文件夹的名称。

③键入新的文件或文件夹名称,单击窗口空白处。

〔注意〕

如果文件正在被使用,Windows XP 是不允许更改文件名称的。对于系统文件或应用程序文件,也不要对其进行更名,以免系统运行或应用程序运行不正常。

十、压缩与解压缩文件及文件夹

由于数据量的不断增大,如何节省空间就是一项非常重要的工作。Windows XP 增加了文件的压缩功能,可以将文件压缩为 RAR 或 Zip 格式。

1. 压缩文件

操作步骤

①选定要压缩的文件或文件夹。

②选择菜单"文件"→"发送到"→"压缩(zipped)文件夹"命令,或者右击要压缩的文件或文件夹,在弹出的快捷菜单中选择"发送到"→"压缩(zipped)文件夹"命令。

2. 解压缩文件

操作步骤

①选定要解压缩的文件或文件夹。

②右击该压缩的文件或文件夹,在弹出的快捷菜单中选择"打开方式"→"Compressed (Zipped) folders"命令。

〔练一练〕

一、填空题

1. 在 Windows XP 中,将文件从__________文件夹中清除后,就不能再恢复。

2. 用鼠标拖动移动文件时,是否按下 Shift 键由________________决定。

二、选择题

1. 下列操作中,(　　)是直接删除文件而不是把它送入回收站。

A. 选定文件后,按 Del 键

B. 选定文件后,按 Shift 键,再按 Del 键

C. 选定文件后,按 Shift + Del 键

D. 选定文件后,按 Ctrl + Del 键

2. 从回收站恢复被删除的文件是在选择要恢复的文件后,选择(　　)。

A. 恢复　　B. 粘贴　　C. 移动　　D. 还原

3. 在 Windows 的资源管理器中,被删除的文件将(　　)恢复。

A. 不可能　　B. 有可能　　C. 一定能　　D. 自动

4. 将一个文件复制到另一个文件夹中可使用(　　)法。

A. 剪切,粘贴　　B. 复制,粘贴　　C. 粘贴,剪切　　D. 粘贴,复制

5. 在 Windows XP 中,要删除磁盘中的文件,可选择要删除的文件,再按(　　)键。

A. Ins　　B. Backspace　　C. 空格　　D. Del

6. 下列有关删除文件的说法,不正确的是(　　)。

A. 软盘上的文件被删除后不能被恢复

B. 网络上的文件被删除后不能被恢复

C. 用 DOS 命令删除的文件不能被恢复

D. 直接用鼠标拖到"回收站"的文件不能被恢复

7. 下列说法中,正确的是(　　)。

A. "资源管理器"窗口只能在"开始"菜单中打开

B. 双击"我的电脑"图标就打开了"资源管理器"

C. "回收站"的容量是可以更改的

D. 必须打开"回收站"后,才能进行回收站操作

8. 下列删除文件的操作中,(　　)删除的文件不在"回收站"中保存。

A. 用快捷菜单　　B. 用菜单命令

C. 按 Shift + Delete 键　　D. 用鼠标拖动

9. 关于文件的复制和移动,下列说法不正确的是(　　)。

A. 复制之后原处不变,移动之后原处要变

B. 复制可对多个文件操作,移动只能对一个文件进行

C. 在"编辑"菜单中,复制是选"复制",移动则是选"剪切"

D. 拖动操作时,复制有" + "出现,移动却没有

〔试一试〕

1. 在数据盘中创建一个名为 MP3 的文件夹。
2. 将文件属性修改为"只读"。
3. 将文件属性修改为"隐藏"。
4. 复制单个文件。
5. 复制单个文件夹。
6. 复制多个文件。
7. 移动单个文件。
8. 移动单个文件夹。
9. 移动多个文件。
10. 删除单个文件。

11. 删除单个文件夹。

12. 删除多个文件或文件夹。

13. 彻底删除“我的文档”中的某个不再需要的文件。

14. 还原单个文件。

15. 还原多个文件。

〔想一想〕

软盘中删除的文件或文件夹会放到回收站中吗?

〔看一看〕

其他同学在完成相同任务时是否和你采用的是相同的方法?

〔课外餐〕

收集完成文件管理任务的不同方法。

模块四 Mokuaisi

管理磁盘

学完本模块你应该:

- 掌握格式化软盘
- 掌握向软磁盘复制文件
- 掌握复制软盘
- 掌握磁盘扫描
- 掌握磁盘碎片整理
- 掌握磁盘清理

任务一　软盘的基本操作

〔读一读〕

一、格式化软盘

软盘一般用来存放较小且需要保存或传递的文件。多数情况下，软盘在购买时就已格式化，不需再格式化处理。但对1张使用过多次的软盘，也应对它进行格式化，以便提高软盘的整体性能。

操作步骤

①将要格式化的软盘插入软盘驱动器中。

②在“我的电脑”窗口中，单击要格式化的软盘驱动器图标，“3.5软盘(A:)”。

③单击“文件”→“格式化”命令，或右击软盘驱动器图标，从弹出的快捷菜单中选择“格式化”命令，打开图4-1所示“格式化”对话框。

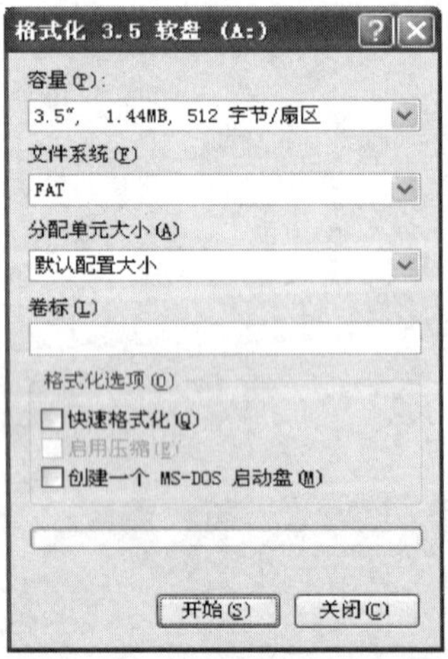

图4-1

④在“卷标”文本框中可以输入磁盘的名称，以便日后标识(可以省略)。

⑤在“格式化选项”区中选择一种格式化方式：

➢ 如果选择“快速格式化”复选框，则删除磁盘上的所有文件，但不检查磁盘上的坏扇区。该选项只能用于已格式化的磁盘。如果清除该复选框，将首先检查磁盘中是否有损坏的扇区并进行标识，然后完成磁盘的格式化。

➢ 如果想制作成1张MS-DOS启动盘(计算机磁盘损坏的时候，可以用启动盘启动计算机)，可以选中“创建一个MS-DOS启动盘”复选框。

⑥单击“开始”按钮，打开图4-2所示的对话框，警告“格式化将删除该磁盘上的所有数据”。如果确定要进行格式化操作的磁盘上没有什么重要数据，则单击“确定”按钮，系统即开始根据格式化选项设置对软盘进行格式化处理，并且在对话框的底部实时地显示格式化软盘的进度。

⑦格式化操作完成后，会打开图4-3对话框，提示用户此次操作完毕，单击“确定”按钮，结束对该盘的格式化并返回到图4-1对话框。若不需格式化其他盘，单击“关闭”按钮即可。

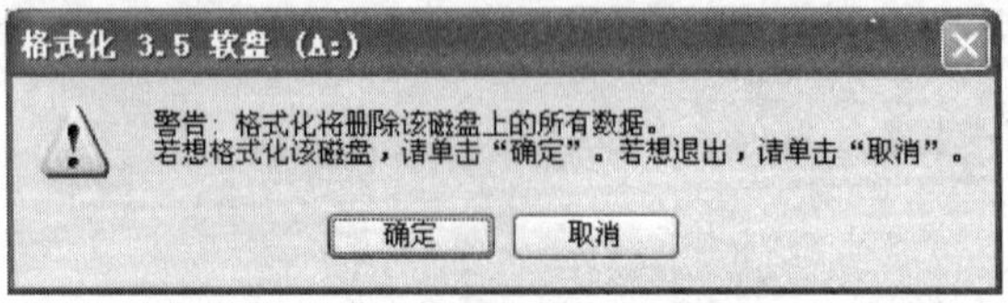

图4-2

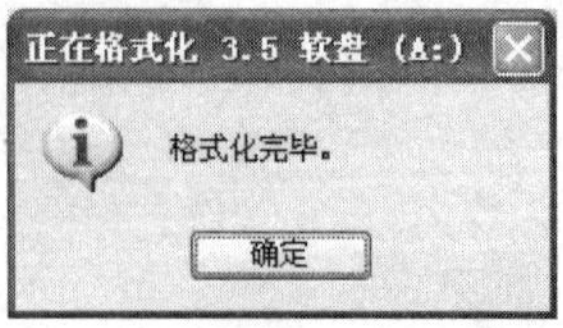

图4-3

二、向软盘复制文件

为了把1台计算机的文件复制到另一台计算机中(假设这2台计算机之间没有联网),可能需要使用软盘相互传递文件。由于软盘的容量较小,因此在向软盘复制文件时,应该注意复制文件的大小不要超过软盘的剩余空间。

操作步骤

①将格式化好的磁盘插入软盘驱动器中。

②选定要复制的文件。

③右击选定的文件,从弹出的快捷菜单中选择“发送到”命令,出现如图4-4所示的子菜单。

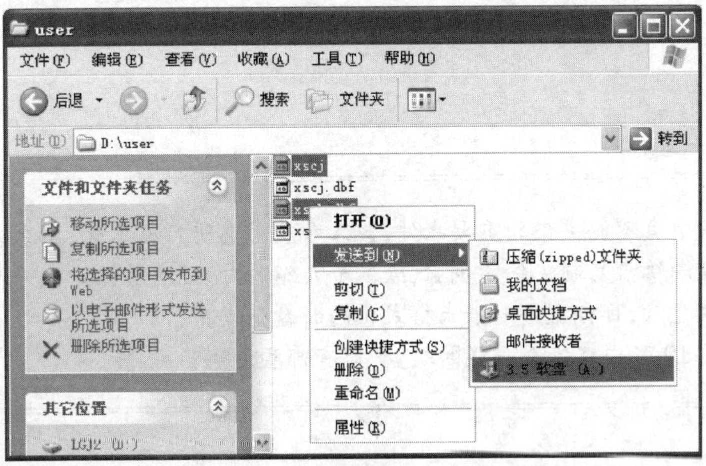

图4-4

④在“发送到”子菜单中选择“3.5软盘(A)”,即可将选定的文件复制到软盘中。

三、复制软盘

“复制软盘”命令可给当前选定的软盘做一个完全一样的复制品。复制可在同一驱动器中进行。

操作步骤

①在“我的电脑”窗口中,右击“3.5软盘(A:)”图标,从弹出的快捷菜单中选择“复制磁盘”命令,打开如图4-5所示的“复制磁盘”对话框。

②单击“开始”按钮,打开如图4-6所示的对话框。

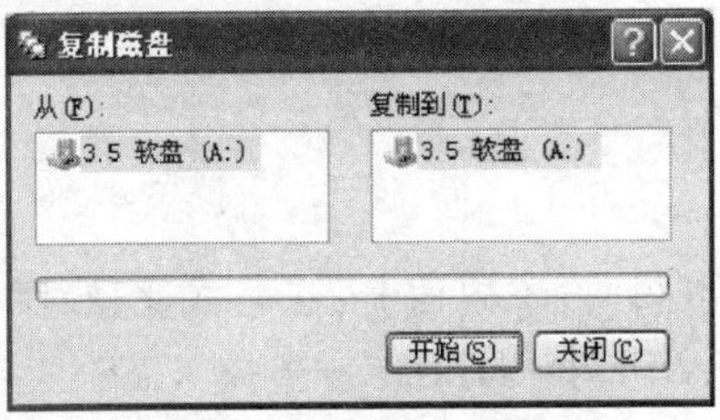

图4-5

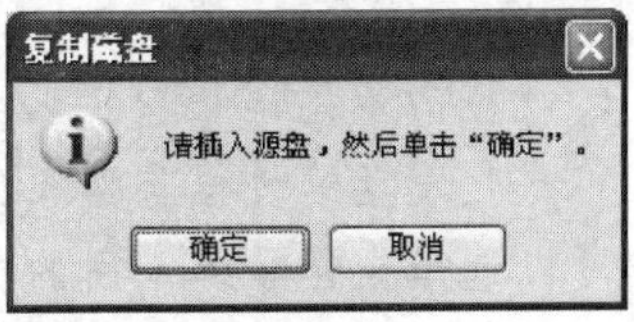

图4-6

③将源盘插入驱动器，单击“确定”按钮。系统将源盘上的所有文件读入内存，完成后出现图 4-7 所示的对话框，提示插入目标盘。

④将源盘从驱动器中取出插入目标盘。

⑤单击“确定”按钮，即可将暂存在内存中的文件写入目标盘，完成后打开图 4-8 所示的对话框，单击“关闭”按钮即可。

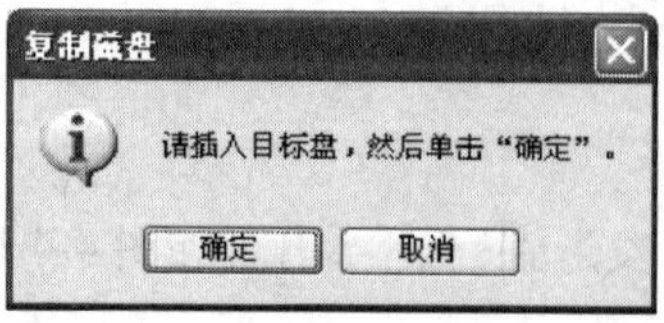

图 4-7

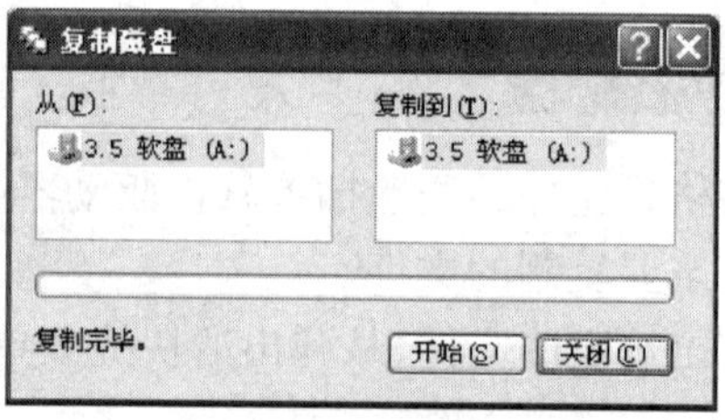

图 4-8

〔想一想〕

1. 若软盘中有不能丢失的重要文件，但又希望对其进行格式化，怎么办？
2. 从硬盘向软盘复制文件的步骤，除本节介绍的外，还有其他方法吗？
3. 复制软盘时，目标盘是一张未格式化的新盘行吗？
4. 若需要 10 张内容完全一样的软盘，你有哪些方法？

〔试一试〕

1. 格式化 1 张软盘，并记录操作步骤；将磁盘写保护后，试一试，并记录出错信息。
2. 复制软盘：
   ①准备 2 张软盘。
   ②从硬盘上复制一些容量较小的文件到第 1 张软盘。
   ③将第 1 张软盘的内容整盘复制到第 2 张软盘上。
   ④检查 2 张软盘上的内容是否一致。

〔课外餐〕

1. 硬盘初始化

格式化硬盘的过程与格式化软盘基本相同，不同的是：在格式化硬盘的过程中可以选择文件系统采用的格式，如 FAT32 和 NTFS。当选择 NTFS 文件系统后，可以对硬盘进行压缩。“格式化”对话框如图 4.9 所示。

〔注意〕

不应经常对硬盘进行格式化，对硬盘格式化都会破坏硬盘数据，确需进行该操作，应将其数据文件备份。

硬盘在使用前要进行分区，分区可使用 Windows提供的 Fdisk 命令，或使用工具软件 DM，PQMagic 等，然后进行格式化。格式化磁盘也可用工具软件进行。

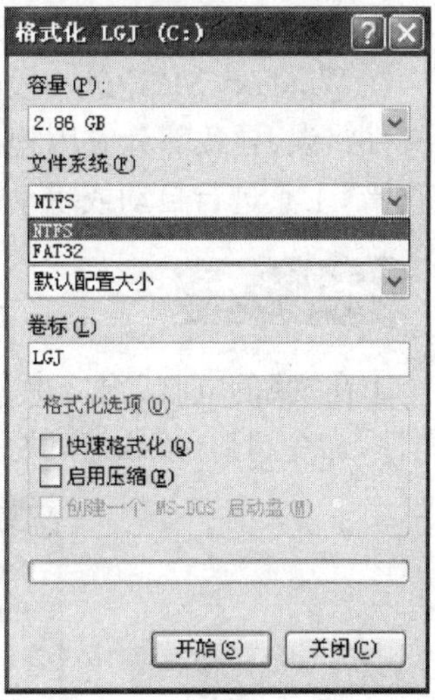

图 4-9

2. 常用移动存储设备

由于软盘的存储容量很小(1.44 MB)，只能存储较小的文件。光盘的存储容量虽然比软盘大(640～680 MB)，但由于只读光驱只能读而不能写，可读写光驱的使用还不普遍且对光盘有特殊要求，因此，光盘的使用还不方便。为了克服目前软盘容量小、光盘使用不便，随着存储技术的不断发展，出现了许多新型的移动存储设备，如：移动硬盘、优盘、大容量软驱等。

● **移动硬盘** 是一种大容量(一般以 GB 为单位)、使用 IEEE1394 接口和 USB 接口的便携式硬盘。

移动硬盘使大型图库、软件、游戏及各种数据库在用户间传递及共享，让用户移动办公、学习变得轻松自如。它以大容量、便携性、安全性、易用性、高速度等特点，极大地满足了设计、制作、文本、图形工作者及计算机发烧友的需求，为需要移动办公的用户提供了全新的解决方案。

移动硬盘使用的 IEEE1394 接口和 USB 接口支持即插即用，在 PC 机和笔记本电脑上都可使用，兼容性极好，是目前使用较多的移动存储设备之一。

● **FlashRAM** 俗称“优盘”、“闪存”、“闪盘”，是目前广泛流行的、面向个人消费的移动存储设备。“优盘”的存储容量较移动硬盘小(一般以 MB 为单位)，但同样可以使用 USB 接口方便快捷地进行数据的存储和交换，并且有价格便宜、容量适中、体积小巧等特点。

FlashRAM 的发展速度非常快，目前的第 4 代产品已具有软盘/硬盘开关，并可以提供被目前主流 BIOS 所识别的 USB 外置软驱/软盘、硬盘功能，通过模拟 USB 软驱/软盘及 USB 硬盘，直接引导系统启动，从而彻底摆脱沿用了几十年的软盘启动功能的束缚。还有一些产品具有内嵌式杀毒、数据恢复、硬件加密和写保护等功能，能被 Windows 2000，Windows XP 识别，无须安装驱动程序，能即插即用。

任务二　磁盘维护

〔读一读〕

一、检查磁盘

在 Windows XP 经过一段时间的运行后，由于非正常关机等原因，在磁盘上会产生一些文件错误，导致部分应用程序不能正常运行，甚至造成频繁死机。此时，可以利用“磁盘查错”工具进行自动或手动检查和修复这些错误。

操作步骤

①在“我的电脑”窗口中，右击要检查的磁盘图标，如 C 盘，从弹出的快捷菜单中选择“属性”命令，打开该磁盘的“属性”对话框，如图 4-10 所示。

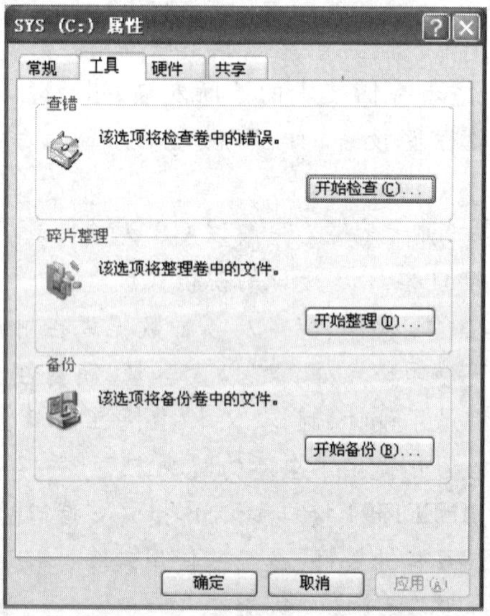

图 4-10

②单击“工具”选项卡，单击“查错”区中的“开始检查”按钮，出现如图 4-11 所示“检查磁盘”对话框。

③如果只希望检查磁盘的文件、文件夹中存在的逻辑性损坏情况，则选中“自动修复文件系统错误”复选框；如果不但希望检查磁盘的逻辑性损坏，而且还要检查磁盘表面的物理性损坏，并尽可能地将损坏扇区的数据移走，则选中“扫描并试图恢复坏扇区”复选框。

④单击“开始”按钮，系统开始检查磁盘中的错误。在检查过程中，“检查磁盘”对话框显示检查的进度。检查完毕后，弹出如图 4-12 对话框，提示当前磁盘错误检查已经完成，单击“确定”按钮即可。

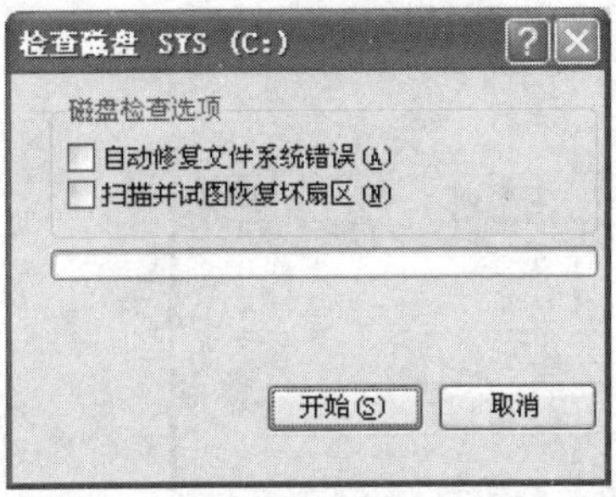

图 4-11

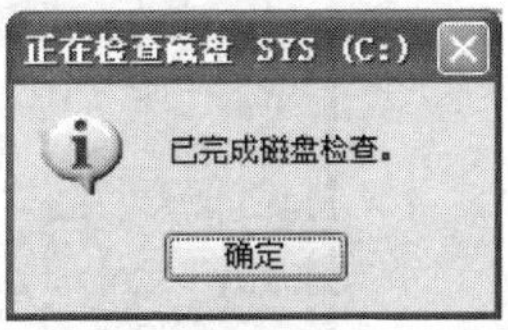

图 4-12

二、磁盘碎片整理

1. 磁盘碎片

经常使用计算机的人一般有这样的体会，使用新硬盘在进行文件复制、移动和其他操作时，其速度比旧的硬盘要快。实际上，文件在磁盘上分成许多小的片段存放，这些文件片段分别存放在磁盘的不同扇区中。一个文件所包含的片段越多，则文件的读取时间越长。文件在磁盘上存放时，开始基本上是连续放置的，随着用户对文件的修改、删除或保存新文件的频繁操作，在磁盘上就会留下许多文件小段，称为磁盘碎片。

这些磁盘碎片在逻辑上是连续的，不影响用户的正常使用。但是，随着使用时间的不断延长，磁盘碎片越积越多，在读取文件时磁头必须频繁移动查找逻辑上连续的文件小段，导致读取时间延长，降低文件的操作速度。磁头的频繁移动还会影响磁头的寿命。为此，Windows XP 提供了磁盘碎片整理工具，利用该工具可以有效地清除磁盘碎片。其工作原理是，将文件片段按在文件中的顺序存放在磁盘前部连续区域中，并将磁盘中的碎片逐渐地向后推移，在推移过程中因为碎片被整合到连续区域中而逐渐减少，最终达到尽量消除碎片的目的。这样再读取文件时就不必去按文件的逻辑关系拼凑成一个完整的文件，从而大大提高了文件操作的速度。

2. 磁盘碎片整理

操作步骤

①单击“开始”→“所有程序”→“附件”→“系统工具” →“磁盘碎片整理程序”命令，出现如图 4-13 所示的“磁盘碎片整理程序”窗口。

②在“卷”中选择要整理的磁盘，然后单击“分析”按钮，程序便开始对磁盘内的碎片进行分析，并在“进行碎片整理前预计磁盘使用量”区中显示各种性质的文件在磁盘上的使用情况，如图 4-14 所示。

③分析操作结束后，出现如图 4-15 所示“已完成分析”对话框。

④单击“查看报告”按钮，会出现如图 4-16 所示的“分析报告”对话框，显示了对分析结果的意义、卷信息和最零碎的文件。

⑤如果用户认为磁盘碎片数量过多，可以在图 4-15 所示对话框中单击“碎片整理”按钮，开始对磁盘的碎片进行整理，使同一个文件所占用的扇区连续，并将空闲的扇区全部集中到磁盘的后半部。这样新文件存入时，不致于因为已使用的扇区和未使用的扇区交错而产生新的磁盘碎片。

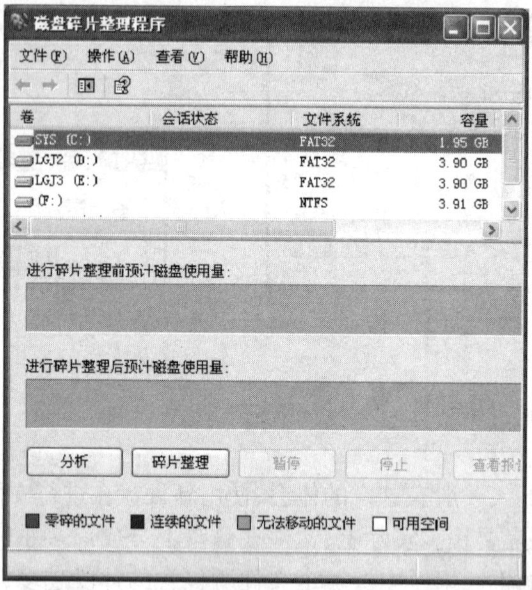

图 4-13

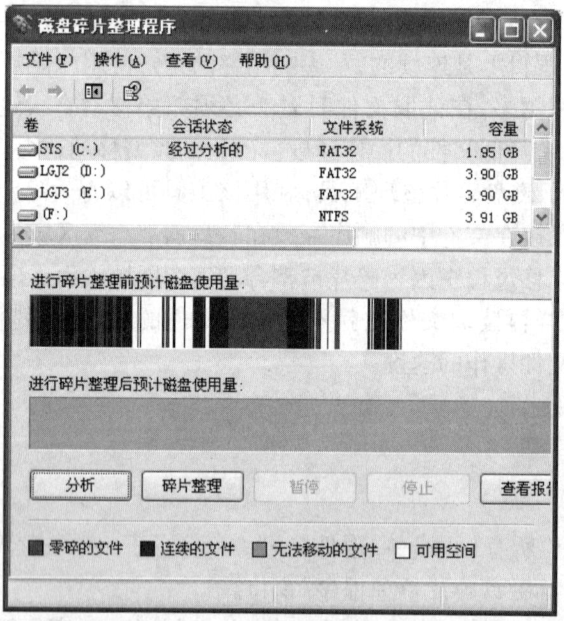

图 4-14

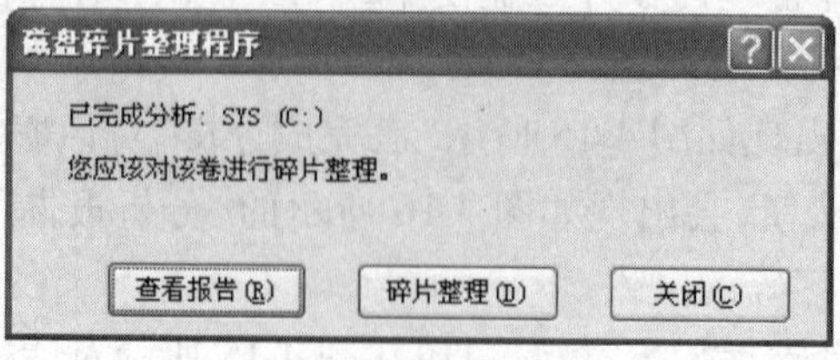

图 4-15

磁盘经过碎片整理后,运行速度加快的程度取决于磁盘碎片数量和分布情况。如果磁盘碎片较多,而且磁片比较分散,经过碎片整理后,运行程序的速度可以明显加快。

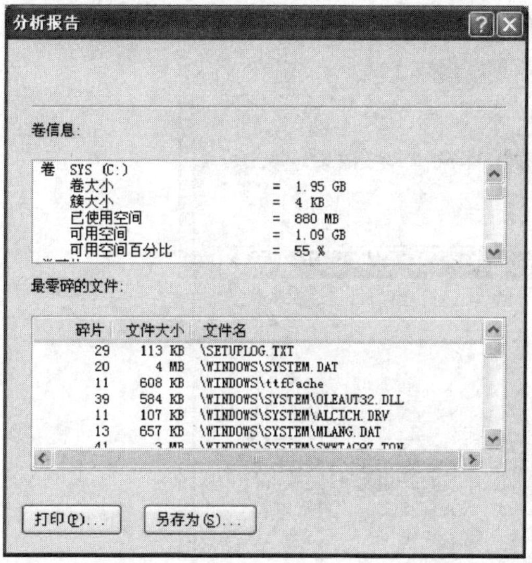

图 4-16

三、磁盘清理

用户使用计算机一段时间后，由于系统管理的需要将产生一些临时信息文件。在正常退出应用程序或关机时，系统会自动删除这些临时文件。但是误操作、停电或非正常关机等，将会造成磁盘上的文件错误，使上述临时文件驻留在磁盘上。这些残留文件不但占用磁盘空间，而且会影响系统的整体性能。因此用户需要定期进行磁盘清理工作，删除不必要的临时文件和程序，以便腾出更多的磁盘空间。

下面以清理本地磁盘 C 上的无效文件为例，介绍如何对磁盘进行清理。

操作步骤

①单击“开始”→“所有程序”→“附件”→“系统工具”→“磁盘清理”命令，出现图 4-17所示“选择驱动器”对话框。

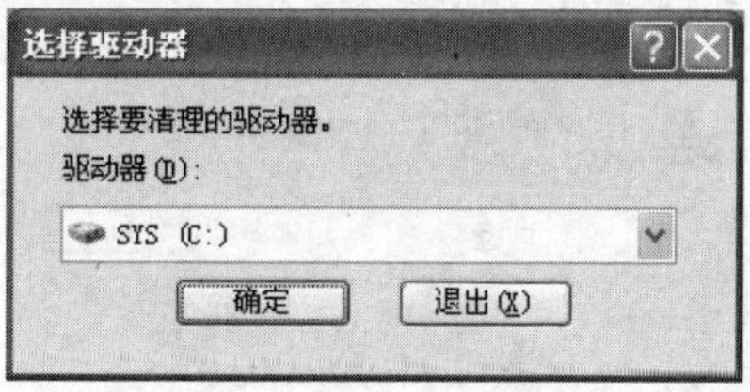

图 4-17

②选择要清理的磁盘驱动器，然后单击“确定”按钮，系统就开始磁盘清理操作，首先计算可以在 C 盘释放多少空间，如图 4-18 所示。

图 4-18

③计算 C 盘可以释放的空间后，出现如图 4-19 所示“磁盘清理”对话框。

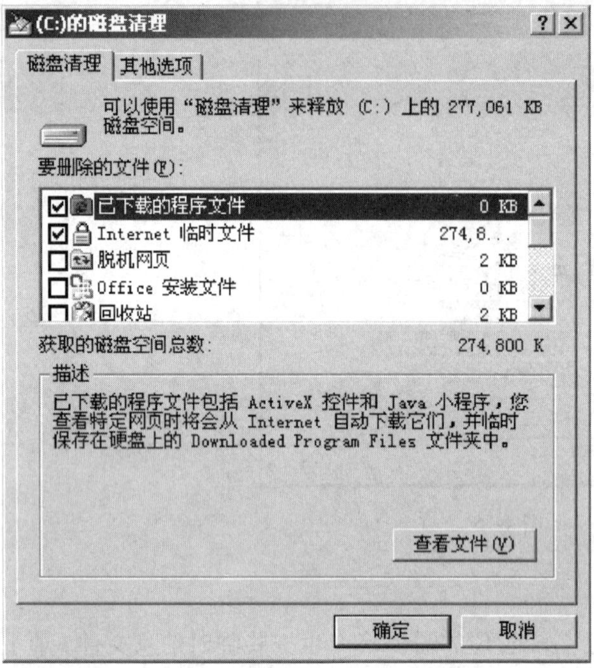

图 4-19

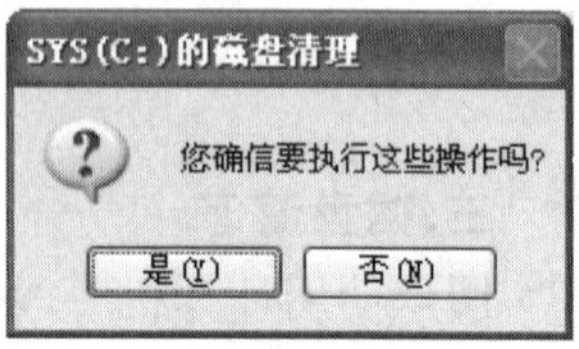

图 4-20

④在“要删除的文件”列表框中选择要删除的文件类型：“Internet 临时文件”、“已下载的程序文件”、“回收站”、“临时文件”或“压缩文件”。如果要查看具体包含哪些文件，则单击“查看文件”按钮。

⑤单击“确定”按钮，会出现如图 4-20 所示“磁盘清理”确认对话框。

⑥单击“是”按钮，开始磁盘清理。

⑦如果需要删除某个不用的 Windows 组件，可以单击“磁盘清理”对话框中的“其他选项”选项卡，如图 4-21 所示。

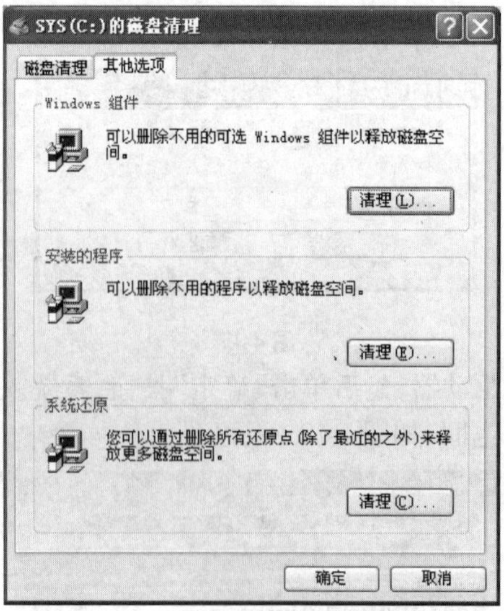

图 4-21

⑧在“Windows 组件”区中，单击“清理”按钮，启动图 4-22 所示的“Windows 组件向导”，系统提示利用该向导可以帮助安装、配置或删除 Windows 组件。

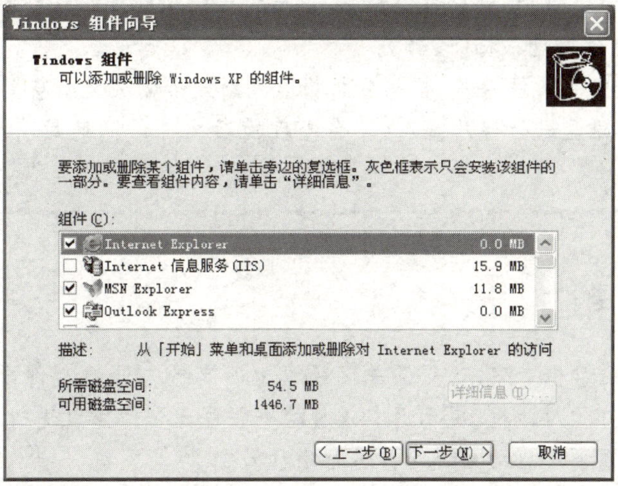

图 4-22

⑨在“Windows 组件向导”对话框中，可以添加或删除 Windows XP 的组件。其中，在“组件”列表中列出了 Windows XP 的所有组件，要添加或删除某个组件，可以选中或清除相应组件前面的复选框。

⑩如果用户希望删除以前安装的程序，可在图 4-21 所示对话框中单击“安装的程序”区内的“清理”按钮，系统将自动启动图 4-23 所示“添加或删除程序”向导。在“添加或删除程序”对话框中，列出了已安装的所有应用程序。要删除某个应用程序，可以选中该程序，然后单击“更改/删除”按钮，把相应程序删除。

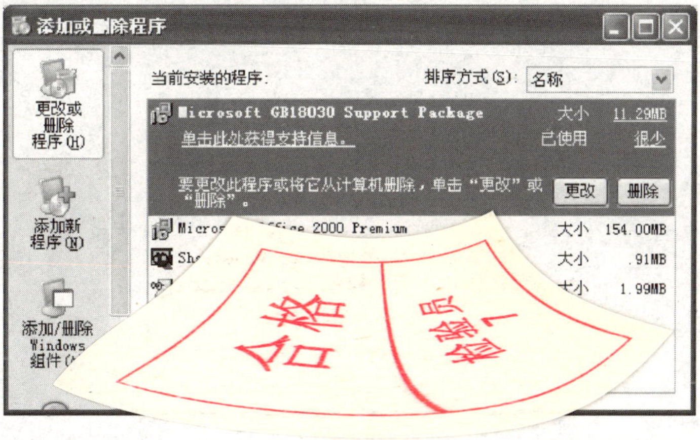

图 4-23

〔想一想〕

1. 进行磁盘查错有何意义？
2. 何谓磁盘碎片？
3. 为什么进行磁盘碎片整理能提高文件的访问速度？

〔试一试〕

1. 对D盘进行磁盘扫描(查错)。
2. 查看磁盘中的文件碎片,根据分析报告判断是否需要进行碎片整理。
3. 对自己的磁盘进行碎片整理,体会整理前后文件访问速度有无明显变化,为什么?

〔课外餐〕

在开始磁盘检查之前,必须关闭磁盘上所有已打开的文件或程序,否则,系统将自动打开对话框,提示用户磁盘检查程序无法对磁盘进行独占性访问,询问是否希望下次启动系统时再进行磁盘检查。

可以在DOS命令提示符中进行磁盘检查,操作步骤是:单击"开始"→"所有程序"→"附件"→"命令提示符"命令,进入命令提示符窗口,输入chkdsk命令后按回车键。如果要修复发现的任何错误,则输入chkdsk/f。

模块五 Mokuaiwu

安装 Windows XP

学完本模块你应该：

- 知道安装 Windows XP 的硬件环境
- 会安装 Windows XP

〔读一读〕

一、硬件要求

安装 Windows XP 之前,需确保计算机满足以下最小硬件要求:

➢ 233 MHz Pentium 或更高的微处理器(或与之相当的处理器)。

➢ 建议使用 128 MB 内存(RAM 最小为 64 MB,最大为 4 GB)。

➢ 1.5 GB 的可用硬盘空间。

➢ VGA 监视器。

➢ 键盘。

➢ 鼠标或兼容指针设备。

➢ CD-ROM 或 DVD 驱动器。

二、Windows XP 的安装特性

Windows XP 安装程序的功能强大,安装向导设计周到,大部分工作均由向导自动完成,安装过程中,只需用户根据需要进行简单选择即可完成安装。其特性如下:

- **基于图形用户界面的安装程序**　安装过程有良好的交互方式和良好的视觉反馈。
- **智能恢复机制**　Windows XP 自动建立安装日志,记录安装过程和检测硬件设置。
- **硬件检测功能**　Windows XP 在安装过程中对基本的计算机组件提供直接检测支持,对丰富的外部设备提供支持,检测到硬件并自动安装其驱动程序。若不能搜索到其驱动程序,则启动安装向导。
- **网络安装**　Windows XP 支持多种网络安装方案。
- **无人参与安装模式**　使用无人参与的安装模式,可以预先设置一些信息以便安装过程中无需手工输入。通过使用应答文件,网络管理员和有经验的用户可在无人参与安装模式下执行安装。安装过程中不需要用户干预,因为应答文件中包含了 Windows XP 安装向导所需的所有信息,包括接受许可协议、计算机名和网卡。应答文件可以帮助你在多台计算机上快速安装 Windows XP。

三、安装 Windows XP

Windows XP 安装程序向导收集各种信息,包括区域设置、名称和密码,然后该向导将相应的文件复制到硬盘上,检测硬件并配置安装。安装完成后,即可登录到 Windows XP Professional。请注意,安装过程中你的计算机将重新启动几次。启动 Windows XP 安装向导的方式取决于是进行 Windows 的升级还是全新安装。下面介绍用光盘安装 Windows XP。

如果你的计算机具有空白硬盘或当前的操作系统不支持干净安装,则需要使用 Windows XP光盘启动计算机。一些较新的 CD-ROM 驱动器可以从光盘启动安装并自动运行 Windows XP 安装向导。

操作步骤

(1)运行安装程序

①通过运行当前的操作系统启动计算机,然后将 Windows XP 光盘插入你的CD-ROM 驱动器。

②如果 Windows 自动检测到光盘,请单击“安装 Microsoft Windows XP”,这时将出现 Windows XP 安装向导。如果 Windows 未自动检测到光盘,则单击“开始”按钮,然后单击“运行”按钮,键入安装文件所在的路径(请使用实际的 CD-ROM 驱动器号替换“E”):

E:\setup. exe

③按 Enter 键,打开图 5-1 所示对话框。

图 5-1

④单击“安装 Microsoft Windows XP”选项,打开图 5-2 所示对话框,提示选择安装类型。

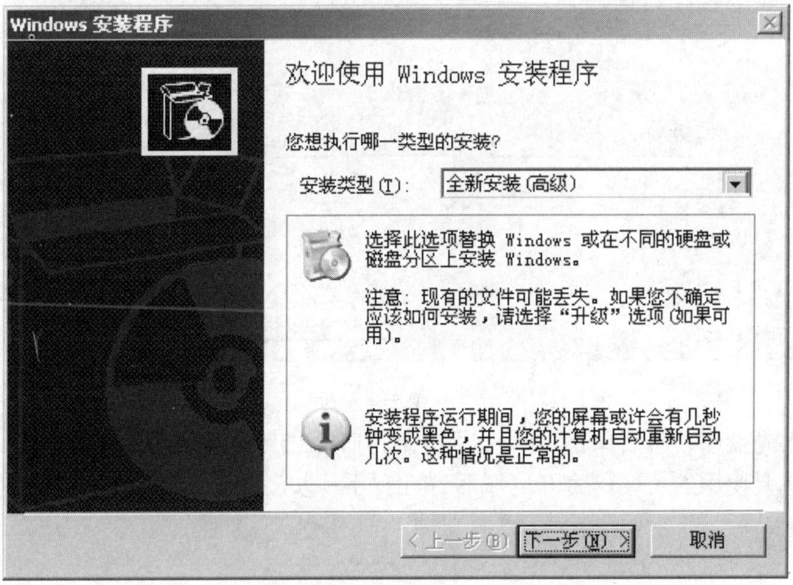

图 5-2

⑤根据需要,选择“全新安装(高级)”或“升级”安装,然后单击“下一步”按钮,打开

图 5-3 所示对话框。若选择“全新安装”,将不影响当前使用的操作系统,即多操作系统共存;若选择“升级安装”,则 Windows XP 将完全取代当前使用的操作系统。

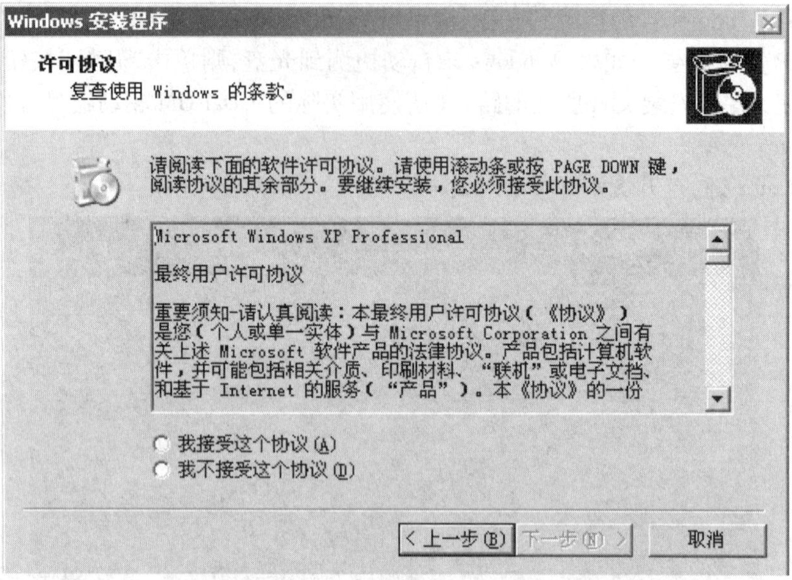

图 5-3

⑥单击“我接受这个协议”选项,单击“下一步”按钮,打开图 5-4 所示对话框。

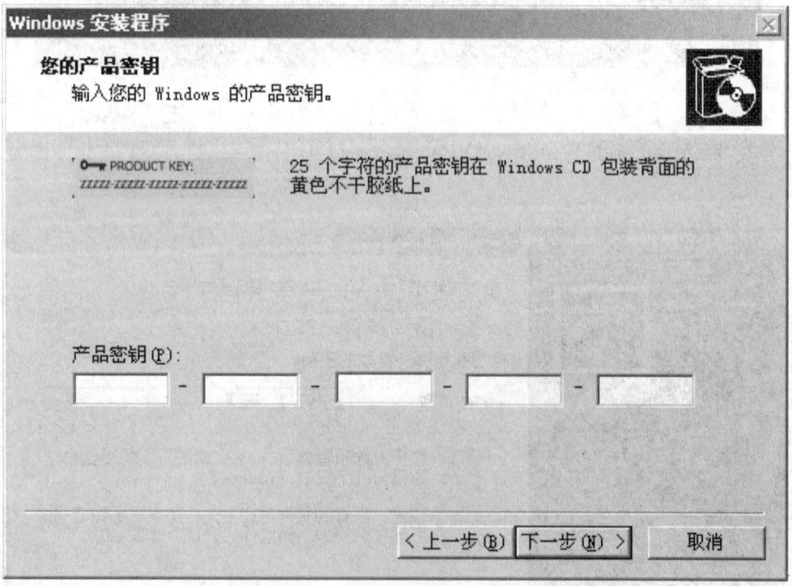

图 5-4

⑦输入光盘序列号后单击“下一步”按钮,打开图 5-5 所示对话框。

⑧选择要使用的主要语言和区域后,单击“下一步”按钮,打开图 5-6 所示对话框。

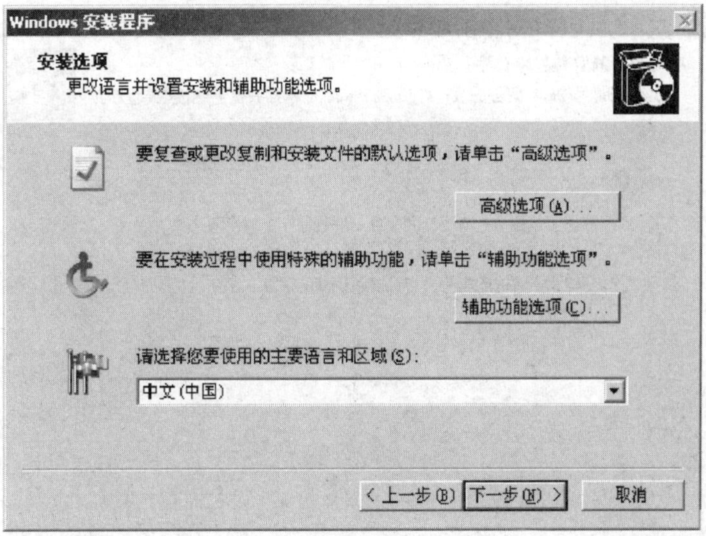

图 5-5

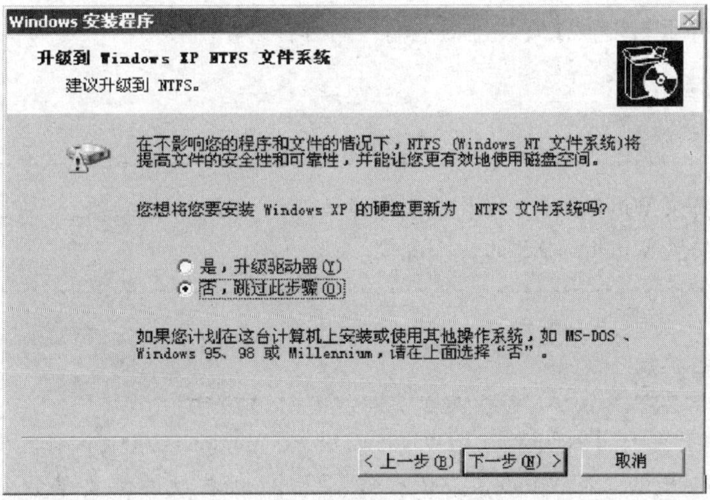

图 5-6

⑨若保持现有文件系统不变,选择“否,跳过此步骤(O)”,单击“下一步”按钮,打开图 5-7 所示对话框;若想将硬盘更新为 NTFS 文件系统,则选择“是,升级驱动器(Y)”,然后单击“下一步”按钮。

⑩选择“否,跳过这一步继续安装 Windows(O)”,单击“下一步”按钮。

(2)准备安装

对各个驱动器进行检查,将文件复制到 Windows 默认的安装文件夹,初始化 Windows XP的配置,然后重新启动计算机。

(3)收集用户和计算机信息

Windows XP 安装向导可以帮助你收集有关你个人和你的计算机的信息。

(4)启动 Windows XP

收集必要的信息后,Windows XP 安装向导将完成安装,你的计算机将重新启动,然后 Windows XP 提示你登录。登录后,如果你具有管理员权限,你可以激活你的Windows XP,

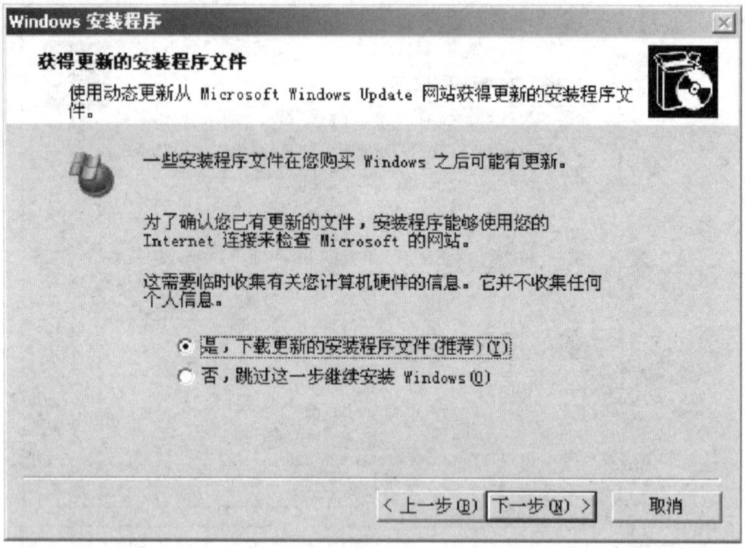

图 5-7

创建用户账户并重新设置在安装过程中输入的所有设置。

〔练一练〕

1. 简述安装 Windows XP 的最低硬件环境。
2. 简述安装 Windows XP 的几个阶段。

〔试一试〕

如果你的计算机安装的是 Windows 98 或 Windows 2000，试将其安装为双操作系统，并记录在 Windows XP 操作系统中，哪些硬件需要单独安装驱动程序。

〔注意〕

在安装向导中选择“全新安装”。

〔看一看〕

找 1 张 Windows XP 的安装光盘，阅读其中的安装发行说明文件。

〔课外餐〕

查看 Microsoft 网站 http://www. microsoft. com/hcl/上 Windows XP 的硬件兼容列表（HCL）。

Windows XP 仅支持 HCL 中列出的设备。如果你的硬件不在列表中，请与硬件制造商联系并索取该组件的 Windows XP 驱动程序。若要确保使用了 16 位驱动程序的程序能正常工作，请从软件供应商那里索取 32 位驱动程序。

模块六 Mokuailiu

Windows XP 的维护

学完本模块你应该：

- 掌握计算机系统的基本设置方法
- 了解计算机系统信息的查看方法
- 掌握硬件的安装和管理
- 掌握软件的安装和卸载

任务一　设置个性化的操作环境

〔读一读〕

计算机是人们工作、学习和生活的工具，能否使计算机更具个性化、性能更高呢？答案是肯定的。

一、控制面板概述

“控制面板”是 Windows XP 提供的专门用于查看计算机系统性能和设置的工具。利用它可以对系统进行设置，使系统更具个性化。

1. 启动

单击“开始”→“控制面板”命令，打开如图 6-1 所示的控制面板窗口。

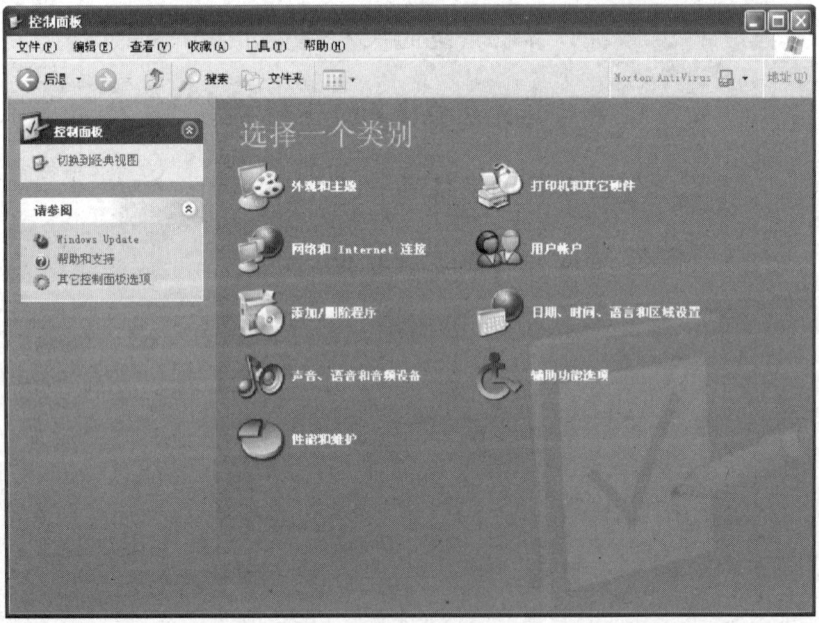

图 6-1

2. 窗口内容和操作

在窗口中显示了最常用的项目，这些项目按照分类进行组织。每个类别下面都有相关的管理工具，如“外观和主题”这个类别下面就包含着“任务栏和开始菜单”、“文件夹选项”、“显示”这 3 个工具。

如果不习惯当前项目分类方式的显示，或者在分类视图中一时找不到自己所需要的项目，那么可以单击“控制面板”窗格中的“切换到经典视图”链接按钮将窗口切换到经典视图，如图 6-2 所示。

要打开某个项目，单击该项目图标或类别名，即可打开该项目的可执行的任务列表和可选择的控制面板图标。例如，单击“外观和主题”时，将得到如图 6-3 所示的窗口。

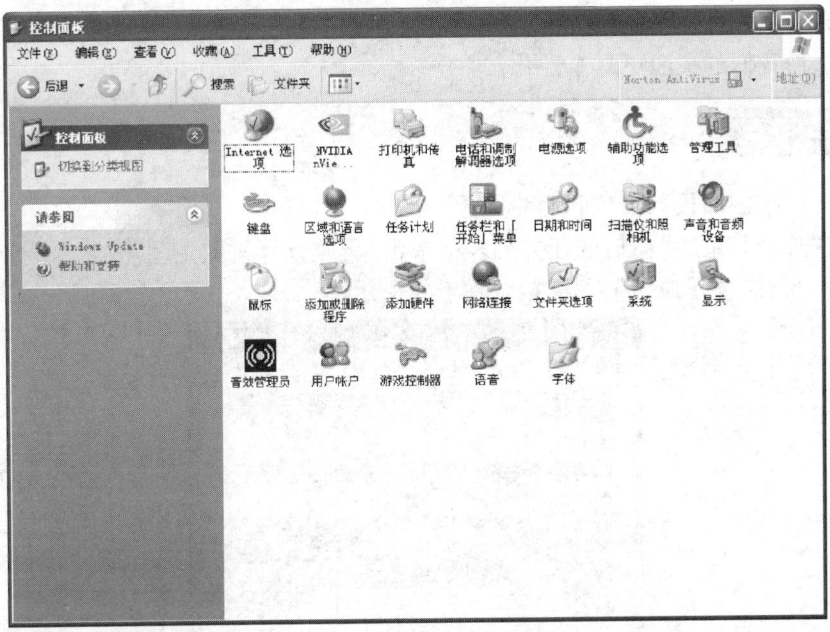

图 6-2

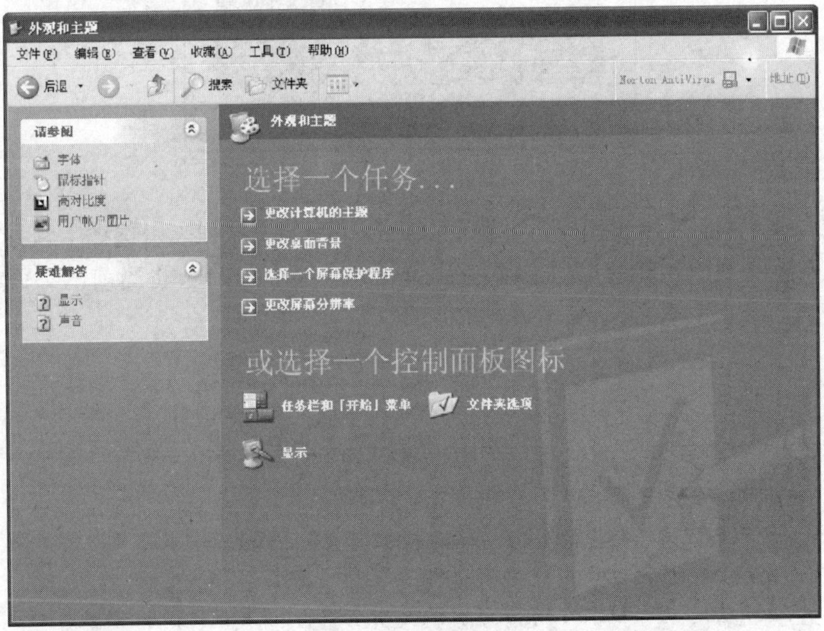

图 6-3

二、自定义桌面主题

主题是一组可视化元素，是图标、字体、颜色、声音和其他窗口元素所构成的丰富多彩的图形界面，它为计算机桌面提供了统一的外观。

在 Windows XP 中，系统为我们提供了 2 种风格的桌面主题，一种是以往版本Windows 中的桌面风格；另一种就是 Windows XP 的桌面风格，它相对于老版本 Windows 的桌面风格更加简洁，色彩更加丰富。

Windows XP 的桌面主题功能不仅仅局限于预定义的风格,它还允许我们设计自己的桌面样式,使我们的桌面更具个性化。

操作步骤

①打开“控制面板”,选“外观和主题”。

②在“外观和主题”窗口的任务列表中单击“更改计算机的主题”,或单击控制面板图标“显示”,打开“显示属性”对话框,如图 6-4 所示。

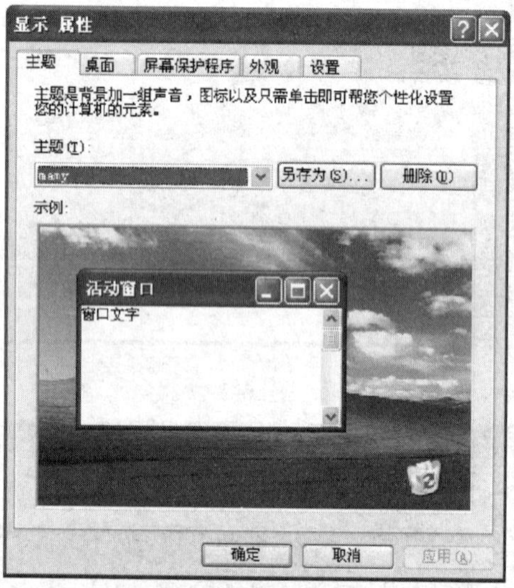

图 6-4

③在“显示属性”对话框中选“主题”标签,在主题的下拉列表中选择主题方案。

④在自定义或启用新的桌面主题之后,单击“另存为”按钮,将当前的桌面主题保存并重新命名。

〔提示〕

下面这些项目元素的设置可以作为桌面主题保存下来:

➢“显示属性”对话框中的“桌面”标签中的“背景”、“位置”和“颜色”等属性,以及通过单击“自定义桌面”按钮弹出的“桌面”项目的“图标”属性。

➢“显示属性”对话框中的“屏幕保护程序”标签中的“屏幕保护程序”属性。

➢“显示属性”对话框中的“外观”标签中的“窗口和按钮”、“配色方案”和“字体大小”等属性,以及通过单击“高级”按钮弹出的“高级外观”对话框中的所有特征。

➢“鼠标”控制面板的“方案”或各个指针。

➢“声音及多媒体设备”中的“声音方案”和“程序事件”属性。

⑤单击“应用”或者“确定”按钮使设置生效。

三、自定义桌面背景

操作步骤

①打开“控制面板”，选“外观和主题”。

②在“外观和主题”窗口的任务列表中单击“更改桌面背景”，打开“显示属性”对话框的“桌面”标签，如图 6-5 所示。

图 6-5

③从“背景”列表框中选择墙纸文件，或单击“浏览”按钮，从硬盘上选择图片作为桌面背景。

④在“位置”下拉列表中选择图片的显示位置：

- 选择“居中”选项，则墙纸将以原文件大小显示在屏幕的中间。
- 选择“平铺”选项，则墙纸将以原文件大小铺满整个屏幕。
- 选择“拉伸”选项，则墙纸将被扩大至整个屏幕。

⑤单击“应用”或者“确定”按钮使设置生效。

四、定义屏幕保护程序

屏幕保护程序俗称屏保，它是指在一段指定的时间内没有使用鼠标或键盘时，在屏幕上出现的移动的图片或图案，它可以在用户暂时不使用计算机时对计算机屏幕起到保护作用，因为屏幕长时间显示某种固定的图像会影响显像管的寿命。当用户再次需要使用计算机时，只需移动鼠标或者敲击键盘任一键即可恢复到屏幕保护之前的桌面。

操作步骤

①打开“控制面板”，选“外观和主题”，从任务列表中选择“选择一个屏幕保护程序”，从而打开“显示属性”对话框的“屏幕保护程序”标签，如图 6-6 所示。

②从“屏幕保护程序”下拉列表中选中一个屏幕保护程序，即可在预览框预览到屏幕

图 6-6

保护程序的效果。若想观察屏幕保护程序的全屏效果，可单击“预览”按钮。

③“等待”微调器的时间为不使用键盘或鼠标直到屏幕保护程序启动时的时间，可通过上下调钮调节，也可以直接输入数字。

④单击“电源”按钮，将打开“电源选项属性”对话框，通过该对话框来设置电源，并启用节能功能，如图 6-7 所示。

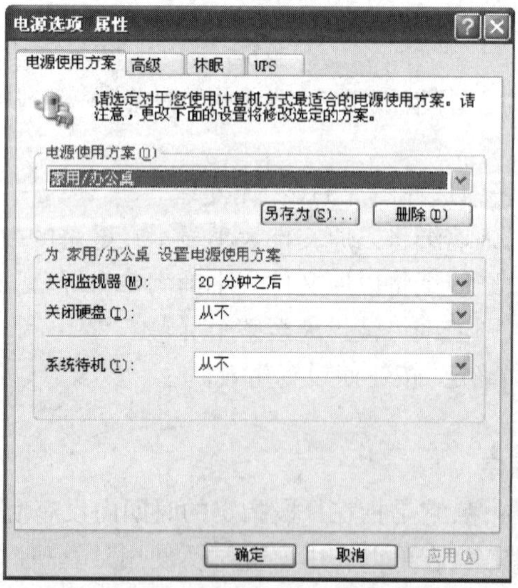

图 6-7

⑤单击“应用”或者“确定”按钮使设置生效。

五、自定义 Windows 外观

Windows XP 允许用户选择不同的颜色和字体搭配方案，并作为主题的一部分保存下来。

操作步骤

①打开“显示属性”对话框,选择“外观”标签,如图 6-8 所示。

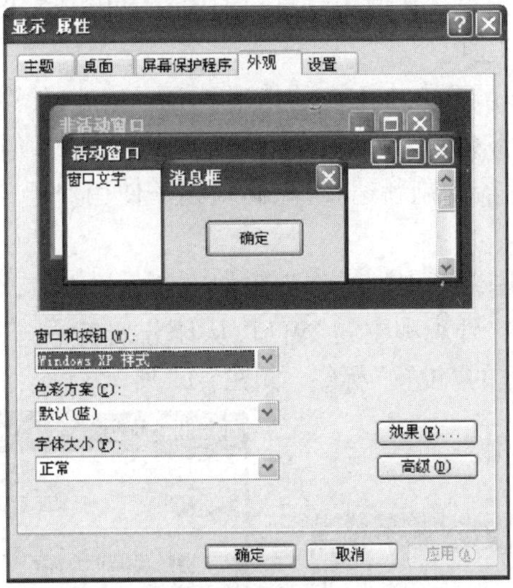

图 6-8

②打开“窗口和按钮”下拉列表框选择窗口和按钮的外观方案,可选方案有 2 种:“Windows XP 样式”和“Windows 经典样式”。

③在选择了窗口和按钮的外观方案之后,方案中的色彩和字体方案将在“色彩方案”下拉列表框和“字体大小”下拉列表框中显示,可以根据自己的喜好或习惯来设计色彩和字体之间的搭配。

④单击“效果”按钮,打开“效果”对话框,如图 6-9 所示。该对话框允许用户自定义一些外观的效果。如启用“为菜单和工具提示使用下列过渡效果”选项后,可以通过从下拉列表框中选择喜欢的过渡效果方案。

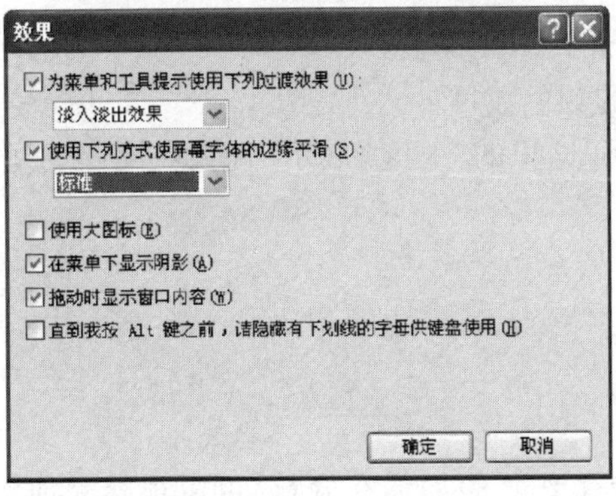

图 6-9

图 6-10

⑤单击“高级”按钮,打开“高级外观”对话框,如图 6-10 所示。通过该对话框,可以自定义标题按钮、窗口、菜单、图标等项目元素的外观方案。

⑥单击“应用”或者“确定”按钮使设置生效。

六、颜色、分辨率和刷新频率的调整

颜色、分辨率和刷新频率是在使用计算机时直接影响视觉的3个重要参数。颜色的数目越多,显示对象就越逼真。

分辨率的高低影响在屏幕大小不变的情况下显示内容的多少。分辨率高,显示的内容就多,但是屏幕上的栏目会变小;分辨率低显示的内容就少,但是屏幕上的栏目会变大。

刷新频率指的是显示器的刷新速度,高刷新频率使用户感觉舒服,对眼睛伤害少,低刷新频率则相反。

调整颜色、分辨率和刷新频率的操作步骤如下:

①打开控制面板中的“外观和主题”窗口,从任务列表中选择“更改屏幕分辨率”,从而打开“显示属性”对话框的“设置”标签,如图6-11所示。

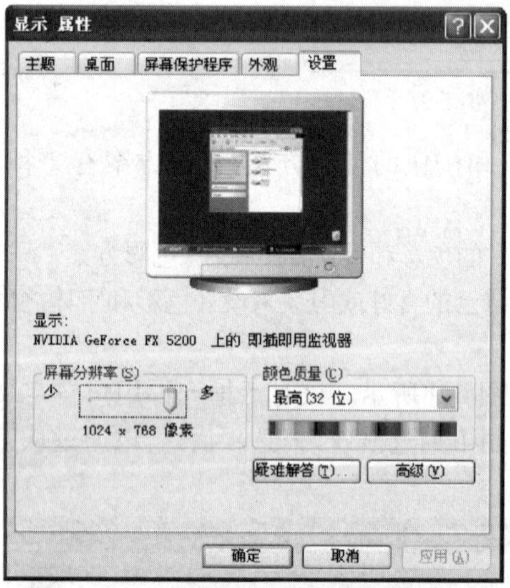

图6-11

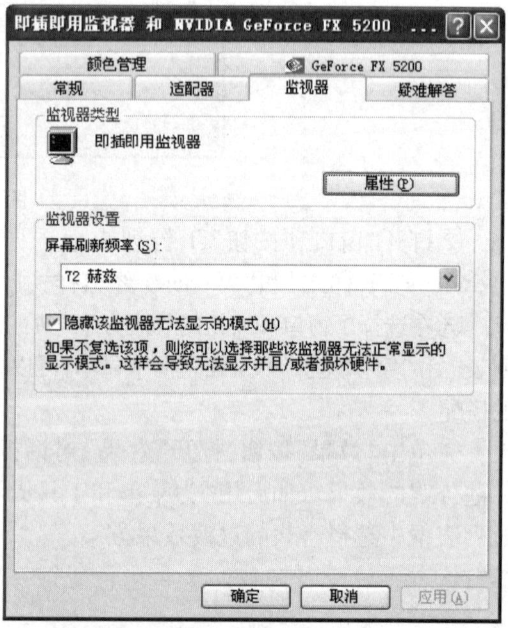

图6-12

②通过拖动“屏幕分辨率”中的滑块,改变屏幕的分辨率。

③从“颜色质量”下拉列表框中选择所需要的颜色数目。

④单击“高级”按钮,打开“××属性”对话框(这里的“××”表示当前显示适配器的型号),打开“监视器”标签,如图6-12所示。

⑤打开“屏幕刷新频率”下拉列表,选择刷新频率。

⑥单击“应用”或者“确定”按钮使设置生效。

七、日期、时间、语言和区域设置

Windows XP支持用户在任何时间、任何地点工作。假如你在旅行,可以很容易地将计算机的时钟、日历、货币和数字设置更改成与你所在国家(地区)和时区相匹配。

操作步骤

①打开“控制面板”，选“日期、时间、语言和区域设置”，打开“日期、时间、语言和区域设置”窗口，如图 6-13 所示。

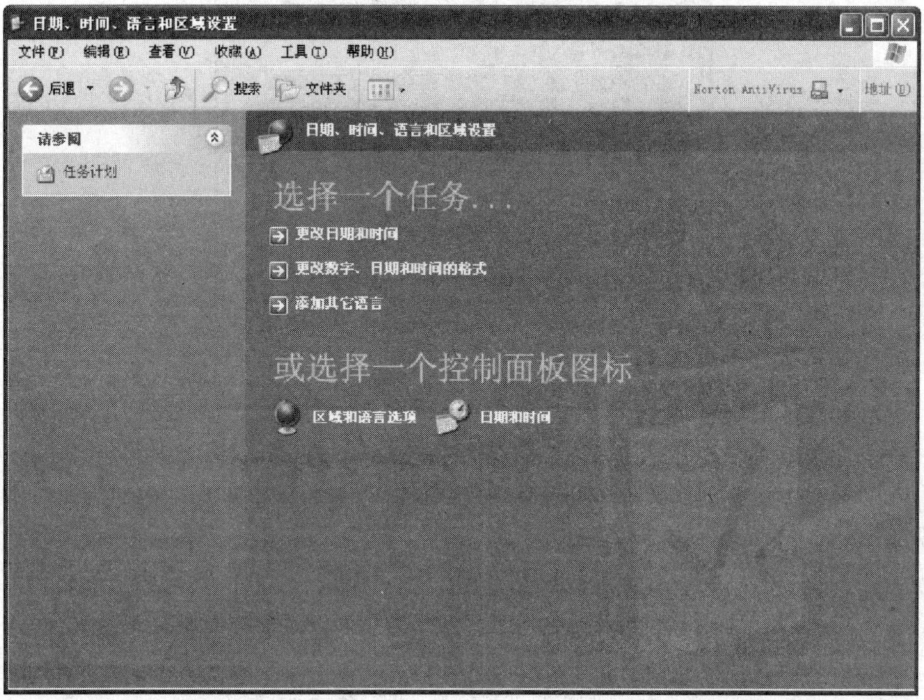

图 6-13

②从任务列表中选择“更改日期和时间”，打开“日期和时间属性”对话框的“时间和日期”标签，如图 6-14 所示。

图 6-14

③在“日期”选项组中进行年、月份的修改。要更改月份，单击月份下拉列表箭头，然后选择正确的月份；要更改年份，单击年份下拉列表箭头选择正确的年份；如果要更改天，就在日历中单击正确的天。

④要更改小时，将光标移到小时处，然后单击调钮增加或减少该值；要更改分钟，将光

标移到分钟处,然后单击调钮增加或减少该值;要更改秒,将光标移到秒处,然后单击调钮增加或减少该值。

⑤要更改时区,单击“时区”标签,如图 6-15 所示。在时区下拉列表中选择所需的时区。

图 6-15

⑥单击“Internet 时间”标签,如图 6-16 所示,选择是否“自动与 Internet 时间服务器同步(S)”。

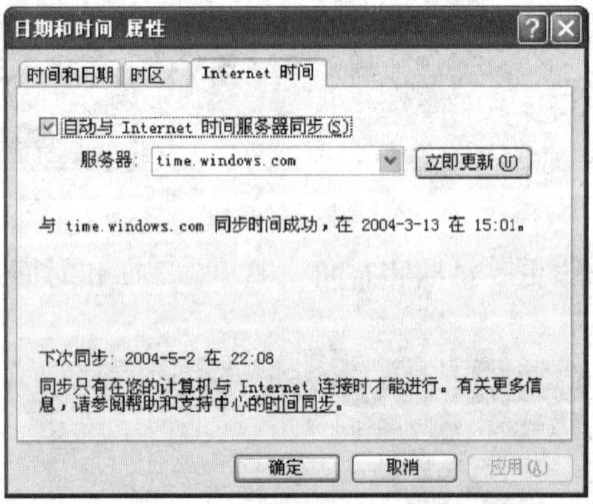

图 6-16

⑦单击“应用”或者“确定”按钮使设置生效。

八、查看计算机基本信息

操作步骤

①打开“控制面板”,选“性能和维护”,打开“性能和维护”窗口,如图 6-17 所示。

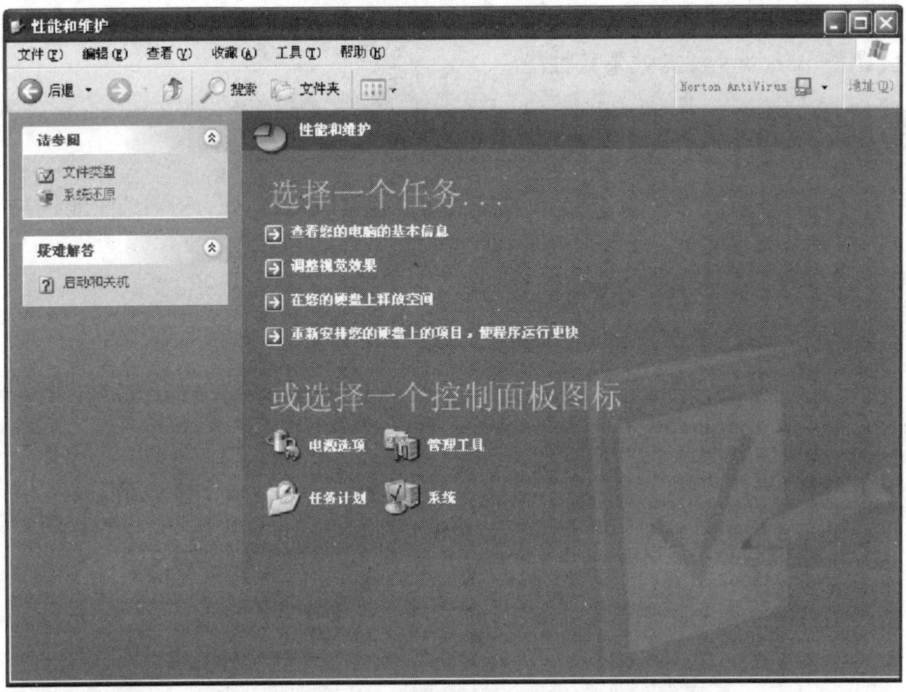

图 6-17

②在任务列表中选择“查看你的电脑的基本信息”或在控制面板图标中选“系统”，打开“系统属性”对话框，选“常规”标签，就可以查看计算机的基本信息，如图 6-18 所示。

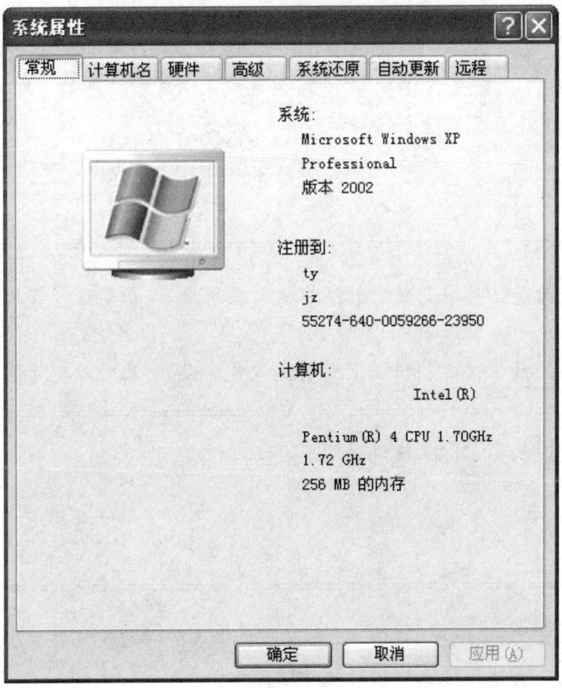

图 6-18

③单击按钮关闭该窗口。

九、调整 Windows 视觉效果和性能

操作步骤

①在“性能和维护”窗口的任务列表中选择“调整视觉效果”，打开“性能选项”对话框，出现“视觉效果”标签，如图 6-19 所示。

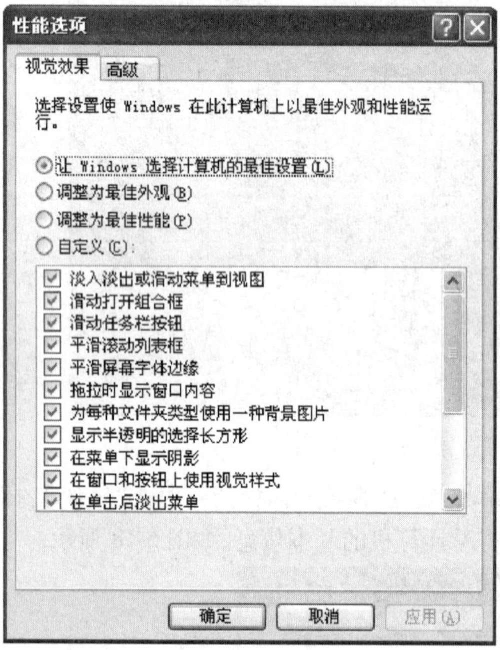

图 6-19

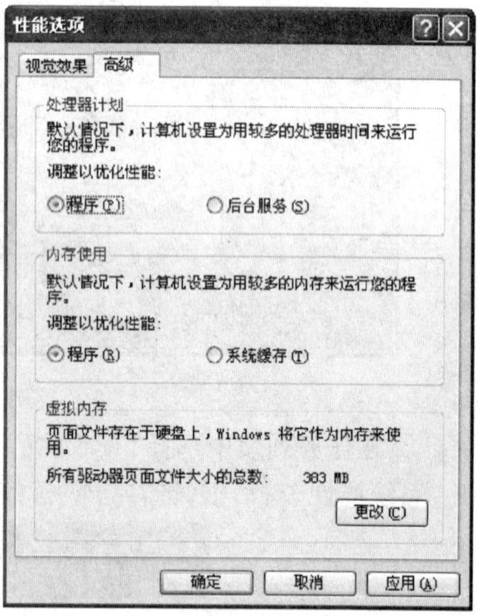

图 6-20

〔提示〕

➢ 单击“调整为最佳外观”，将打开所有视觉效果设置，但是这样将耗费大量的内存，影响计算机的性能。

➢ 单击“调整为最佳性能”，将关闭所有视觉效果设置，此时外观为最差。

②选择“高级”标签，如图 6-20 所示。

〔提示〕

在“处理器计划”选项组中，选择“程序”，前台程序获得的处理器资源要比后台程序多；选择“后台服务”，所有程序将获得相同的处理器资源。

③单击“应用”或者“确定”按钮使设置生效。

十、键盘设置

操作步骤

①打开“控制面板”,选“打印机和其他硬件”,打开“打印机和其他硬件”窗口,如图6-21所示。

图6-21

②单击“键盘”图标,打开“键盘属性”对话框,如图6-22所示。

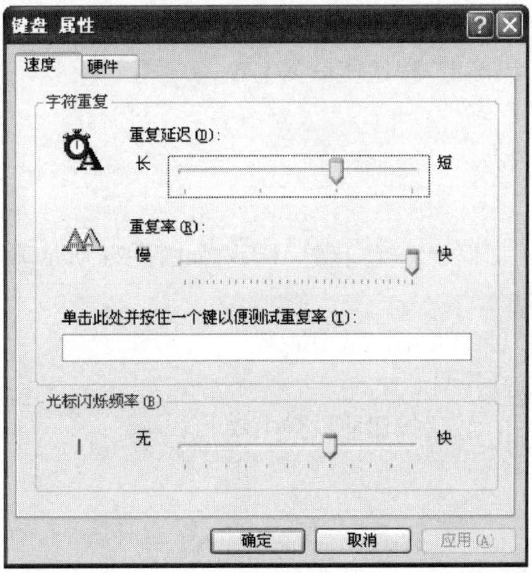

图6-22

③进行键盘的相关设置。

④单击“应用”或者“确定”按钮使设置生效。

十一、鼠标设置

1. 鼠标键的设置

操作步骤

①在“打印机和其他硬件”窗口中单击“鼠标”图标,打开“鼠标属性”对话框的“鼠标键”标签,如图 6-23 所示。

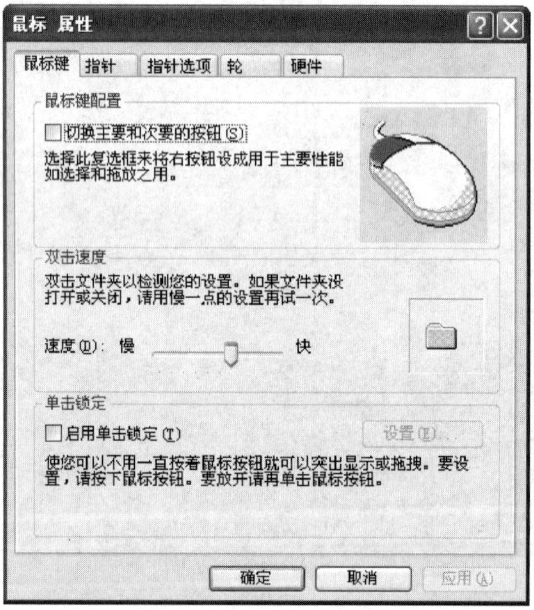

图 6-23

②进行鼠标键的相关设置。

③单击“应用”或者“确定”按钮使设置生效。

2. 鼠标指针的设置

操作步骤

①在“鼠标属性”对话框中选择“指针”标签,如图 6-24 所示。

②进行指针方案的设置。

③选择“指针选项”标签,如图 6-25 所示。

④进行指针移动快慢等的设置。

⑤单击“应用”或者“确定”按钮使设置生效。

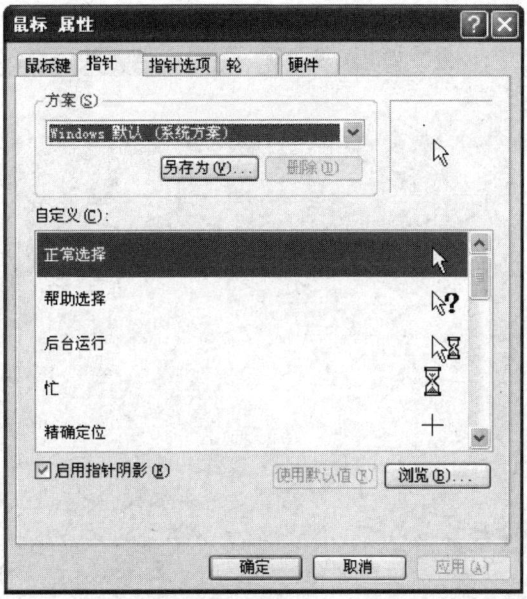

图 6-24

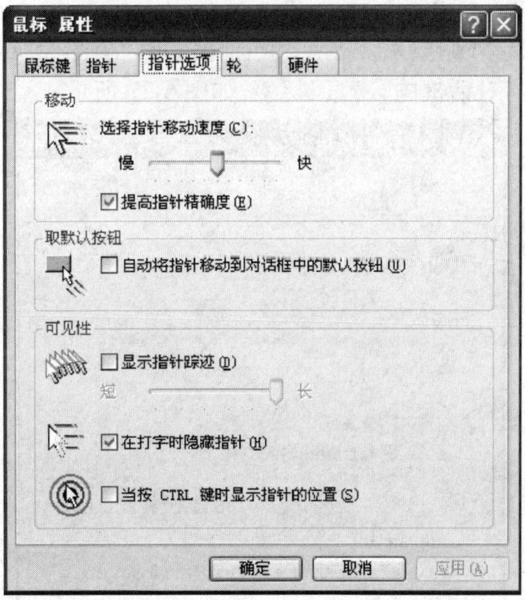

图 6 25

十二、声音、语音和音频设备

声音可以是简单的蜂鸣声，也可以是一段简短的音乐，可以根据需要将这些声音指派给系统事件。还可以将声音分配作为方案保存，然后将一整套不同的声音指派给系统事件。

1. 调整系统声音

操作步骤

①在“控制面板”窗口中选“声音、语音和音频设备”，打开“声音、语音和音频设备”

窗口,如图 6-26 所示。

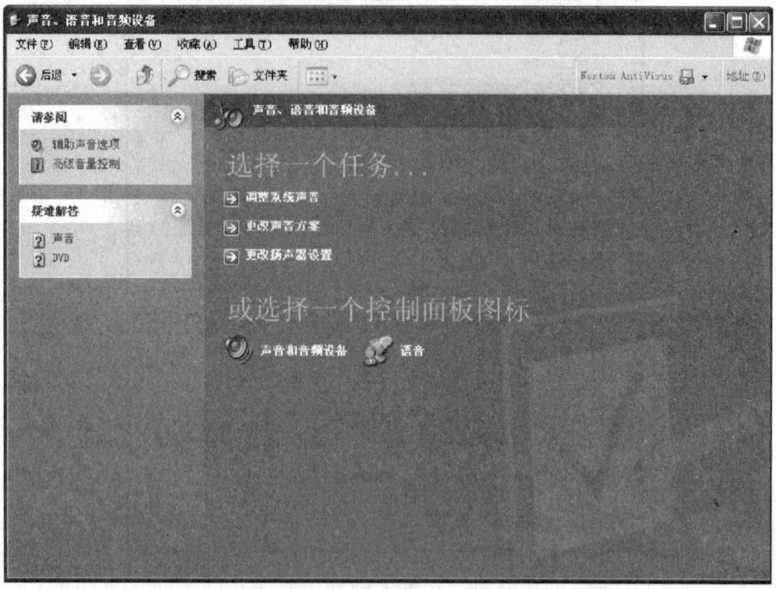

图 6-26

②从任务列表中选择“调整系统声音”或选择控制面板图标“声音和音频设备”,打开“声音和音频设备属性”对话框的“音量”标签,如图 6-27 所示。

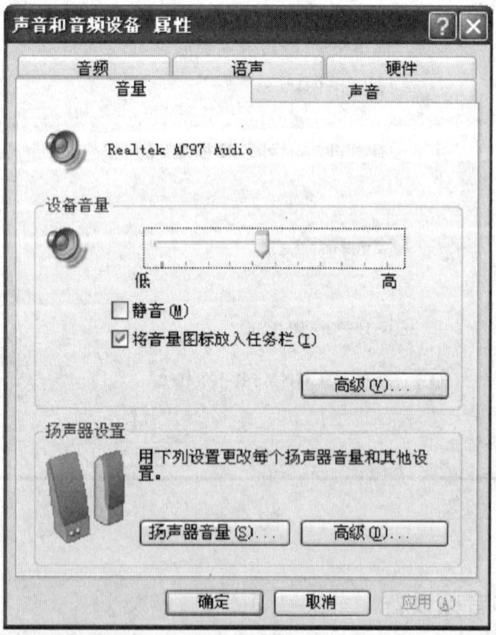

图 6-27

③拖动滑块调节系统音量的高低。

④单击“应用”或者“确定”按钮使设置生效。

2. 更改声音方案

操作步骤

①在“声音和音频设备属性”对话框中,选“声音”标签,如图 6-28 所示。

②从“声音方案”下拉列表中选择预定义或者用户自己保存的声音方案。

③单击“应用”或者“确定”按钮使设置生效。

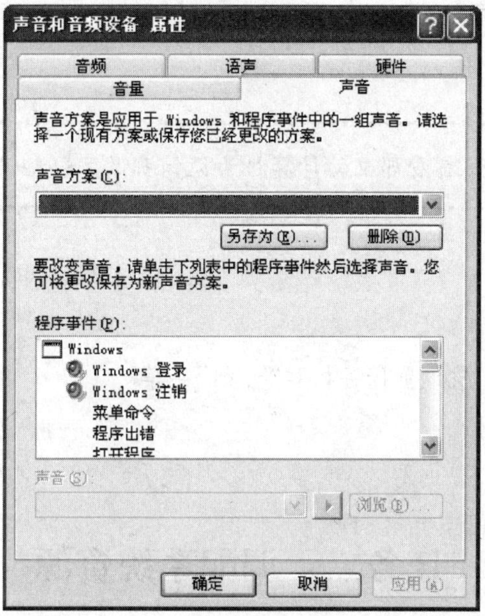

图 6-28

〔练一练〕

1. 启动控制面板可以单击＿＿＿＿＿＿＿＿＿＿＿＿＿＿＿＿。
2. 主题是一组可视化元素,是＿＿＿＿＿＿＿＿＿＿＿＿＿＿＿＿和其他窗口元素所构成的丰富多彩的图形界面,它为计算机桌面提供了统一的外观。
3. 哪些项目元素的设置可以作为桌面主题保存下来?

〔试一试〕

1. 自定义桌面主题。
2. 查看你的计算机的基本信息。
3. 调整日期、时间。
4. 设置鼠标指针。

〔想一想〕

1. 图案和墙纸有什么区别?
2. 屏幕保护程序的功能是什么?
3. 哪些项目元素的设置可以作为桌面主题保存下来?

〔看一看〕

到计算机商场,看看那里的计算机为促销都做了哪些设置。

〔课外餐〕

为自己的计算机设置任务栏和"开始"菜单。

任务二　调配系统资源

〔读一读〕

一、硬件的安装

1. 硬件的概念与分类

硬件是指计算机的物理组件以及可以添加的各种辅助设备,它包括任何连接到计算机并由计算机的微处理器控制的设备,如磁盘驱动器、视频适配器(显卡)、打印机、网络适配器(网卡)、键盘、鼠标等。

根据安装的不同,设备分为2类:非即插即用设备和即插即用设备。非即插即用设备必须手动配置;而即插即用设备则连接到计算机上就可以立即使用,无需手动配置。

2. 硬件的安装过程

(1)连接到计算机

按照说明书的要求将设备正确连接到系统中。

〔注意〕

有些设备必须在关机状态下才能连接(或拔出),如光驱、网卡、打印机等。

(2)安装驱动程序

无论是非即插即用设备还是即插即用设备,当安装这个新设备时都要安装支持该设备的驱动程序,并配置属性,只不过即插即用设备是由计算机自动完成这些步骤。

二、硬件的管理

硬件安装好以后,要经常进行管理和维护,使之运行在最佳状态。Windows XP 为我们提供了集中管理硬件的平台——设备管理器。设备管理器提供有关计算机上的硬件如何安装和配置的信息,以及硬件如何与计算机程序交互的信息。使用设备管理器,可以更新计算机硬件的设备驱动程序、修改硬件设置、禁用设备等。

1. 打开设备管理器

操作步骤

①在"开始"菜单中选择"控制面板",单击"性能和维护"→"系统",打开如图 6-29 所示"系统属性"对话框。

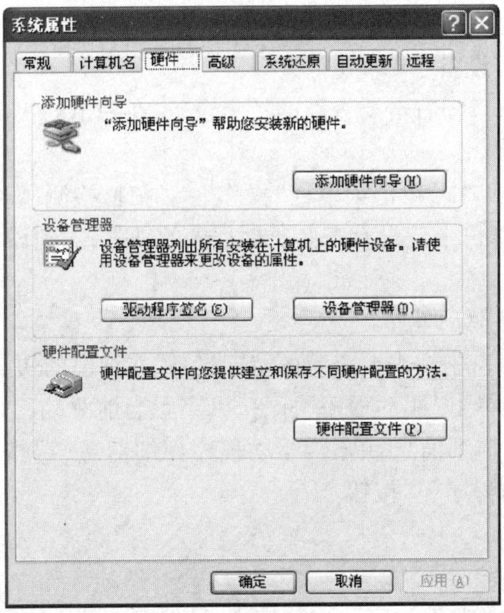

图 6-29

②单击"硬件"标签,再单击"设备管理器"按钮,打开"设备管理器"窗口,如图6-30所示。

2. 查看设备信息

在"设备管理器"窗口中右击要查看的特定设备,在弹出的快捷菜单中单击"属性"命令,打开属性对话框。

3. 启用和禁用设备

右击要启用的设备,在弹出的快捷菜单中单击"启用"命令,即可启用已经被禁用的设备。

右击要禁用的设备,在弹出的快捷菜单中单击"禁用"命令,即可禁用已经被启用的设备。

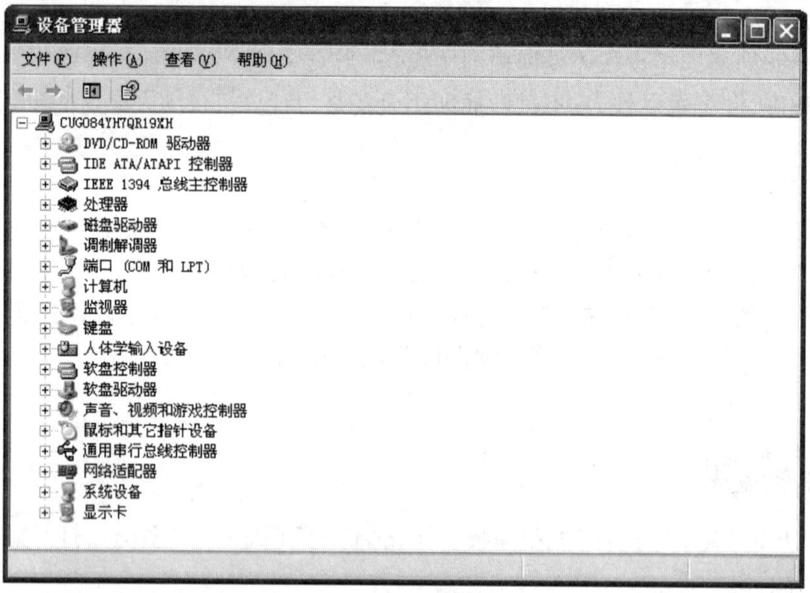

图 6-30

4. 卸载和重新安装设备

在“设备管理器”窗口中右击要查看的特定设备,在弹出的快捷菜单中单击“卸载”命令,即可卸载选定的设备。

在“设备管理器”窗口中,单击菜单栏“操作”→“扫描检测硬件改动”命令,系统将扫描系统,寻找安装在计算机上但没有安装驱动程序的硬件,找到该设备同时启动新硬件的安装向导。

5. 查看和更新设备驱动程序

在“设备管理器”窗口中右击要查看的特定设备,在弹出的快捷菜单中单击“属性”命令,打开属性对话框,再单击“驱动程序”标签,可查看当前驱动程序的提供商、日期、版本和程序等信息。要查看详细信息,单击“驱动程序详细信息…”按钮;要更新或更改驱动程序,则单击“更新驱动程序…”按钮。

三、应用软件的安装

绝大多数应用软件都要经过安装才能使用,虽然安装的方法不尽相同,但基本过程大同小异。

1. 使用安装程序进行安装

操作步骤

①将安装盘插入驱动器。

②启动安装程序(通常是名为 Setup. exe 或 Install. exe 的文件)。

③输入用户信息和产品密钥。

④指定安装路径和其他安装选项。

⑤拷贝文件和输入信息到系统(由安装程序自动完成)。

⑥注册产品。

2. 添加新程序

操作步骤

①在“控制面板”窗口中单击“添加/删除程序”，打开“添加/删除程序”窗口，如图6-31所示。

图 6-31

②在“添加/删除程序”窗口中单击“添加新程序”，如图 6-32 所示。

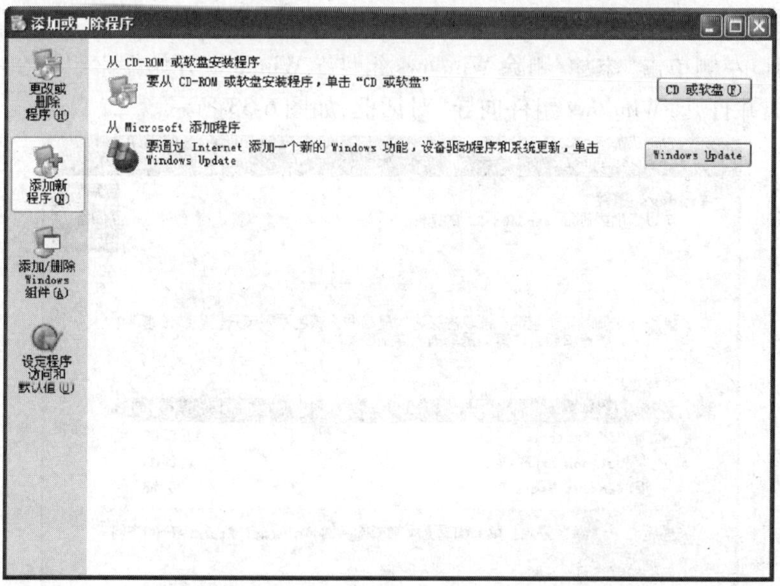

图 6-32

③插入要添加的新程序所在的盘，单击“CD 或软盘”按钮。

四、卸载软件

应用软件可以帮助我们完成各种工作，但是，并非软件安装得越多越好。因为软件安装过多会占用大量的磁盘空间，增加系统负担，影响系统的运行速度，甚至有些软件相互冲突，使其他软件无法正常工作。因此我们应该控制并管理安装的软件，对于那些几乎用不到的软件应该予以删除、卸载。

操作步骤

①打开“控制面板”，单击“添加/删除程序”，打开“添加/删除程序”窗口。

②在“当前安装的程序”列表中单击要卸载的软件，再单击“删除”按钮。

③单击选中“Automatic（自动）”选项，然后单击“Next（下一步）”按钮，系统开始卸载程序，并同时显示卸载进度。

④删除该软件的安装文件夹。

五、安装 Windows 组件

Windows 组件包括了一些 Windows 自带的软件，这些软件具有一些比较实用的功能，比如 Internet Explore、所有附件、传真服务等都是 Windows 组件。其中有些组件会在安装 Windows XP 操作系统时自动安装，还有一些组件则需用户根据需要安装。

操作步骤

①将 Windows XP 的安装光盘插入光盘驱动器。

②打开“控制面板”，单击“添加/删除程序”。

③在窗口左侧单击“添加/删除 Windows 组件”，Windows 开始搜索组件在本机系统中的安装情况，并打开“Windows 组件向导”对话框，如图 6-33 所示。

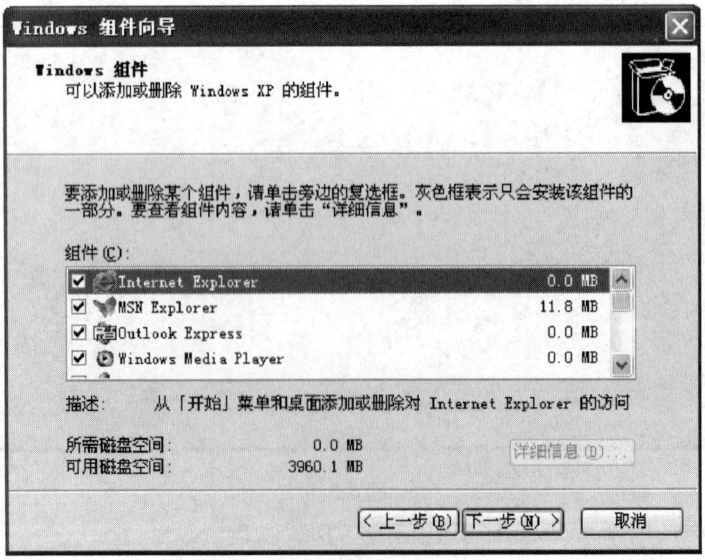

图 6-33

④在组件列表中选中要安装组件的复选框，同时清除要删除或不需要安装组件的复选框中的标志。

⑤单击“下一步”按钮，Windows 开始检测并且安装组件，完成后，返回到“Windows 组件向导”对话框。

⑥单击“完成”按钮。

〔练一练〕

1. 根据安装的不同，设备分为________________和________________2 类。
2. 硬件的安装过程分为________________和________________2 步。
3. “添加/删除程序”是在________________窗口中。

〔试一试〕

1. 查看系统的设备。
2. 卸载软件。
3. 安装应用软件。
4. 安装 Windows 组件。

〔想一想〕

删除应用软件的安装文件夹是否就成功地卸载了该应用软件。

〔看一看〕

目前计算机可添加哪些硬件设备。

〔课外餐〕

张华新买了 1 部数码相机，要在计算机显示屏上看到数码相机拍摄的照片，他应该怎么做？

模块七 Mokuaiqi

Windows XP 的键盘录入

学完本模块你应该：

- 了解键盘录入的内容、方法和条件
- 了解输入法的安装方法
- 掌握选用输入法的方法

〔读一读〕

一、键盘录入及方法

随着计算机技术的不断以展，输入设备越来越丰富，但是键盘仍然是最主要的输入工具。Windows XP 不仅提供英文输入法，也支持中文输入。用户可以在各种输入法之间进行切换，并且还可以添加或删除输入法。

英文录入较为简单，利用 PC 键盘，按键名击键录入；中文录入则是按编码击键录入，目前常见的中文输入法有五笔字型输入法、智能 ABC 输入法、微软拼音输入法等。

二、切换输入法

1. 利用鼠标完成切换

操作步骤

①单击语言栏（或任务栏）上的输入法图标，弹出输入法快捷菜单，如图 7-1 所示。

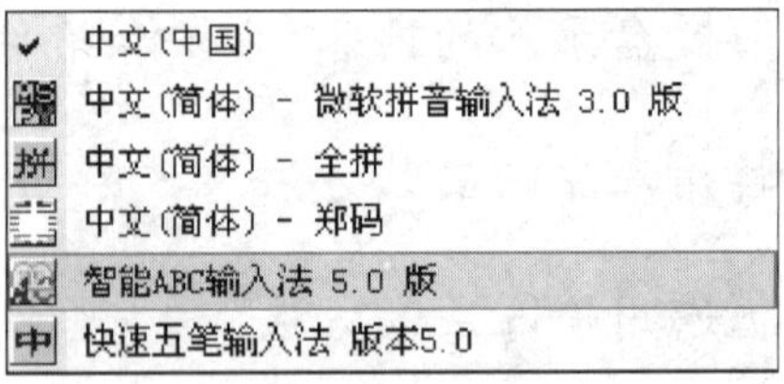

图 7-1

②在输入法快捷菜单中，单击想要使用的输入法。

2. 利用组合键完成切换

➢ 使用 Ctrl + Space 组合键可以在中英文输入法之间快速切换。

➢ 使用 Ctrl + Shift 组合键在各种输入法之间循环切换。

3. 输入法状态窗口

当选定了一种中文输入法以后，就会显示出它的状态窗口。例如，智能 ABC 输入法的状态窗口如图 7-2 所示。在输入法状态窗口中从左至右并列有 5 个图标，它们分别是：中英文切换按钮、输入法状态切换按钮、全角/半角切换按钮、中英文标点切换按钮、软键盘按钮。

图 7-2

- **中英文切换按钮**　单击该按钮，可以在中英文输入法之间进行切换。
- **输入法状态切换按钮**　单击该按钮，可切换输入状态。即在同一种输入法的不同状态之间进行切换。如智能 ABC 输入法有“标准”与“双打”2 种，单击此按钮可在这 2 种状态之间切换。
- **全角/半角切换按钮**　单击该按钮，可切换英文字符的输入状态。全角状态下从键盘输入的英文字符为全角，半角状态下从键盘输入的英文字符为半角。

- **中英文标点切换按钮** 单击该按钮，可以切换中文、英文的标点符号输入。也可以按组合键 Ctrl + .（英文句号）来切换。中文标点符号对应键盘的键位如下：

中文标点符号	键盘的键位
。句号	.
《书名	<
……省略号	^
——破折号	_
、顿号	\
·间隔号	@
-连接号	&
¥人民币符号	$

- **软键盘按钮** 右击该按钮，弹出软键盘菜单，如图 7-3 所示。选择其中一项，即可弹出相应的软键盘。各种软键盘如图 7-4 所示。再次单击软键盘按钮可关闭软键盘。

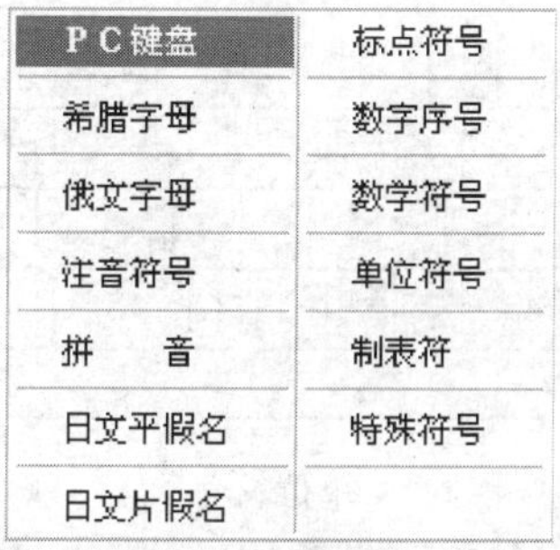

图 7-3

PC 键盘

标点符号

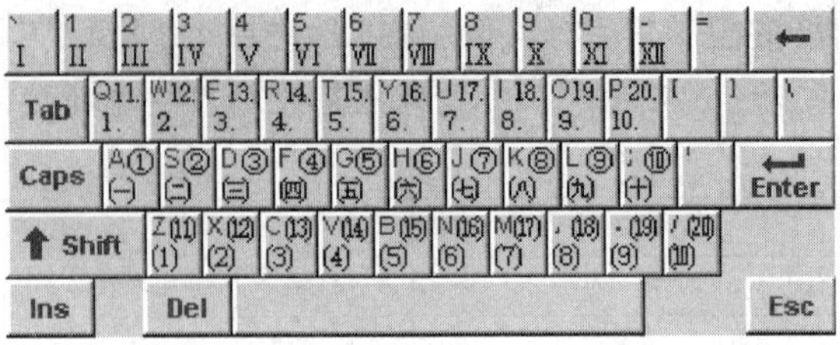

数字序号

数字符号

单位符号

制表符

特殊符号

希腊字母

拼音

俄文字母

注音符号

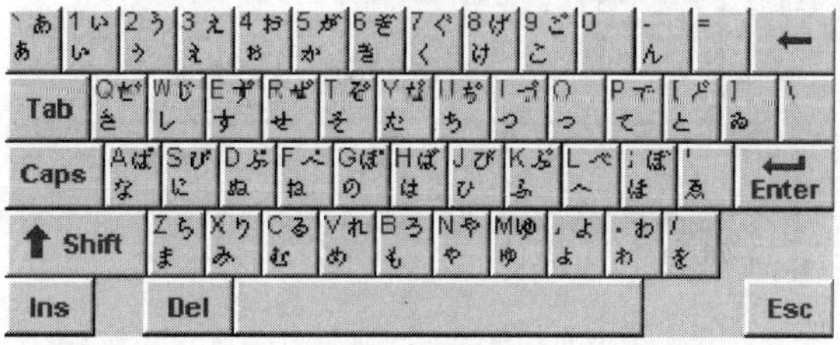

日文平假名

日文片假名

图 7-4

三、添加输入法

操作步骤

①右击语言栏(或任务栏)上的输入法图标⌨,出现如图 7-5 所示菜单,选择“设置”

选区项，将弹出“文字服务和输入语言”对话框，如图 7-6 所示。

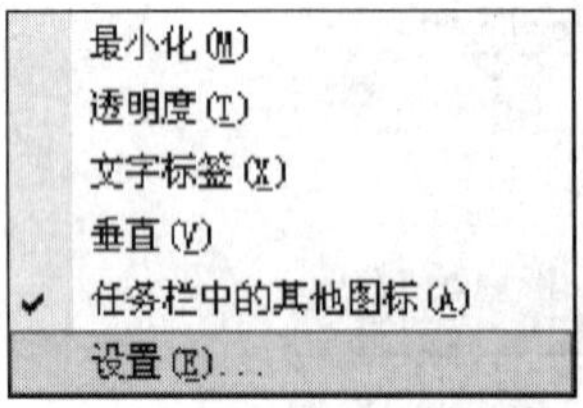

图 7-5

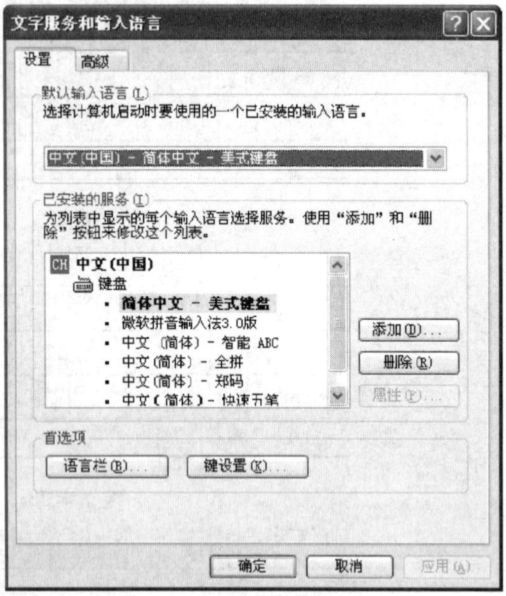

图 7-6

②单击“添加”按钮，将弹出“添加输入语言”对话框，如图 7-7 所示。

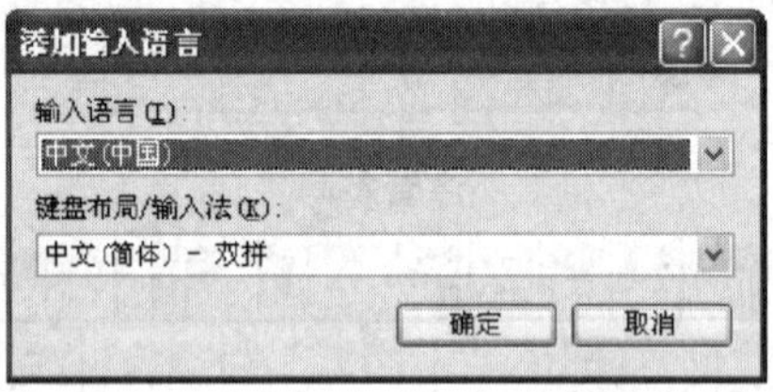

图 7-7

③在“输入语言”下拉列表中选择“中文(中国)”，在“键盘布局/输入法”下拉列表中选择一种所需的输入法。

④单击“确定”按钮。

四、删除输入法

操作步骤

①打开“文字服务和输入语言”对话框，选择要删除的输入法，然后单击“删除”按钮。

②单击“确定”按钮。

〔练一练〕

1. 组合键____________可以在中英文输入法之间快速切换。
2. 组合键____________可以在各种输入法之间循环切换。
3. 输入法图标可能出现在__________栏或__________栏中。

4. 输入法状态窗口中有______________个图标,从左至右分别是________________
____。

5. Windows XP 提供了______________个软键盘,它们分别是__________________
____
____。

6. 要实现中文智能 ABC 输入法与英文输入法的切换有__________种方法。

〔试一试〕

1. 添加“中文(简体)—快速五笔”输入法。
2. 删除“中文(简体)—郑码”输入法。

〔想一想〕

怎样让一种新的输入法出现在“添加输入语言”对话框的“键盘布局/输入法”下拉列表中?

〔看一看〕

目前都有哪些中文输入法。

〔课外餐〕

使用 Ctrl + Shift 组合键在各种输入法之间进行切换时要注意 2 点:
①切换是在各种输入法之间循环进行。
②主键盘左边的 Ctrl + Shift 键和右边的 Ctrl + Shift 键循环方向相反。

模块八 Mokuaiba

Windows XP 的附件

学完本模块你应该：

- 了解附件的成员
- 会用记事本、写字板、画图和计算器
- 了解媒体播放器
- 了解 Movie Maker
- 了解通讯簿、命令提示符、字符映射表

任务一 编辑文档

〔读一读〕

附件就是 Windows 附带的组件。虽然是附带的,但它们却一直是 Windows 中丰富而且非常实用的项目。在 Windows XP 中,附件的功能得到进一步加强,附件的成员如图 8-1 所示。

图 8-1

一、记事本

记事本是一个基本的文本编辑器,它可用于编辑简单的文档或使用 HTML 语言创建网页。

1. 启动

单击"开始"→"所有程序"→"附件"→"记事本",弹出如图 8-2 所示"记事本"窗口,同时自动创建一个空白的". txt"文档。

2. 窗口结构

记事本的窗口由标题栏、菜单栏、文本编辑区和状态栏组成。

菜单栏包括文件、编辑、格式、查看、帮助 5 个菜单项,各菜单项的内容如图 8-3 所示。

3. 基本操作

(1) 打开文档

操作步骤

①单击菜单栏"文件"→"打开"命令,弹出"打开"对话框。

②在"查找范围"的下拉列表中选择适当的路径,再在对象窗口中选择要打开的文

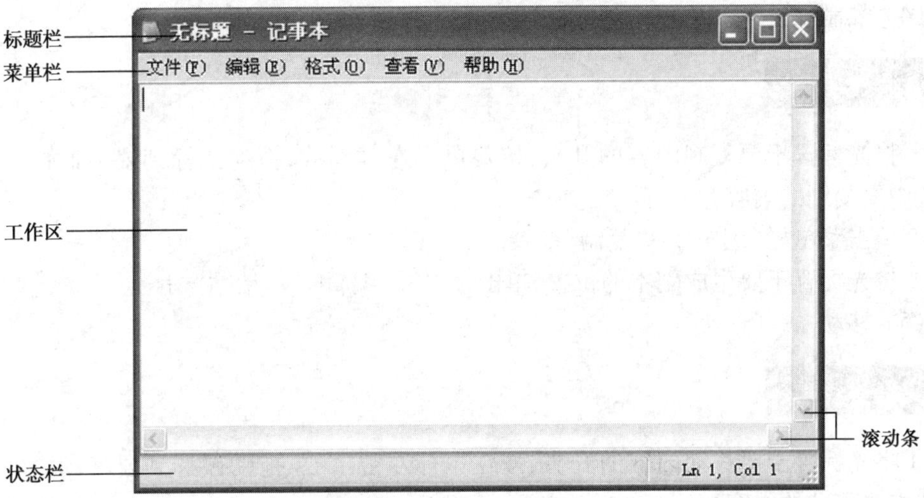

图 8-2

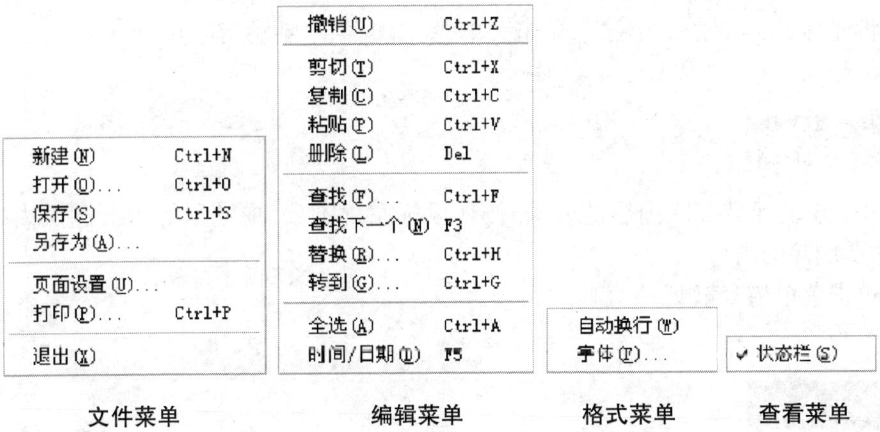

图 8-3

档，然后单击“打开”按钮。

（2）插入

操作步骤

①将光标移动到要插入的位置。

②直接输入要插入的内容。

（3）更改

操作步骤

①将光标置于要更改内容的开头，按住鼠标左键不放，拖动鼠标到要更改内容的结尾，选中要更改的内容。

②输入更改后的内容。

(4) 复制

操作步骤

①将光标置于要复制内容的开头,按住鼠标左键不放,拖动鼠标到要复制内容的结尾,选中要复制的内容。

②单击菜单栏"编辑"→"复制"命令。

③将光标置于要生成副本的位置,单击菜单栏"编辑"→"粘贴"命令。

(5) 移动

操作步骤

①将光标置于要移动内容的开头,按住鼠标左键不放,拖动鼠标到要移动内容的结尾,选中要移动的内容。

②单击菜单栏"编辑"→"剪切"命令。

③将光标置于移动后的位置,单击菜单栏"编辑"→"粘贴"命令。

(6) 删除

操作步骤

①将光标置于要删除内容的开头,按住鼠标左键不放,拖动鼠标到要删除内容的结尾,选中要删除的内容。

②单击菜单栏"编辑"→"删除"命令。

(7) 查找

操作步骤

①单击菜单栏"编辑"→"查找"命令,弹出如图 8-4 所示"查找"对话框。

图 8-4

②在"查找内容"后面的文本框中输入要查找的内容,然后单击"查找下一个"按钮。

(8) 替换

操作步骤

①单击菜单栏"编辑"→"替换"命令,弹出如图 8-5 所示"替换"对话框。

②在"查找内容"后面的文本框中输入要被替换的内容,在"替换为"后面的文本框中输入替换后的内容。

③单击"替换"对话框右侧的相应按钮:

- **查找下一个** 从当前光标处开始查找指定内容,并在找到的第一个处停留。

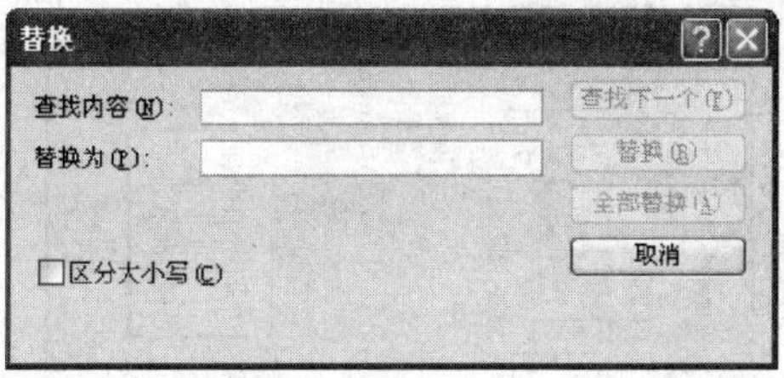

图 8-5

- **替换** 从当前光标处开始查找指定内容,并将找到的第一个替换为指定内容。
- **全部替换** 一次性全部替换文档中所有要替换的内容。
- **取消** 关闭替换对话框。

(9) 撤销上一次操作

单击菜单栏“编辑”→“撤销”命令,即可撤销上一次的操作。

(10) 文档的字体设置

操作步骤

①单击菜单栏“格式”→“字体”命令,弹出如图 8-6 所示“字体”对话框。

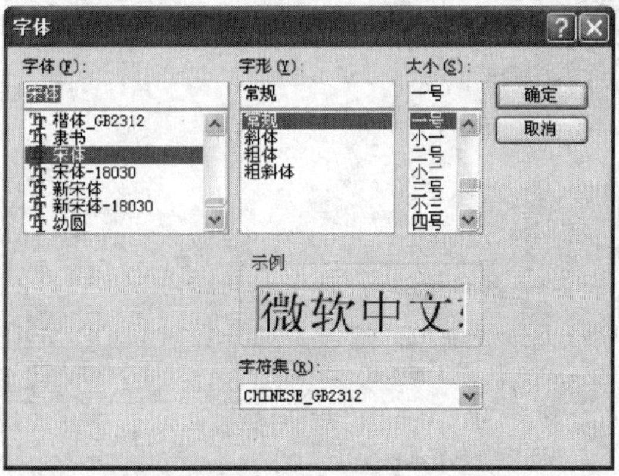

图 8-6

②选择所需字体、字形、大小。

③单击“确定”按钮。

(11) 文档的显示格式设置

单击菜单栏“格式”→“自动换行”命令,进行文档显示格式的设置。

(12) 页面设置

操作步骤

①单击菜单栏“文件”→“页面设置”命令,弹出如图 8-7 所示“页面设置”对话框。

②在“页面设置”对话框中进行各种参数设置。

③单击“确定”按钮。

(13) 保存文档

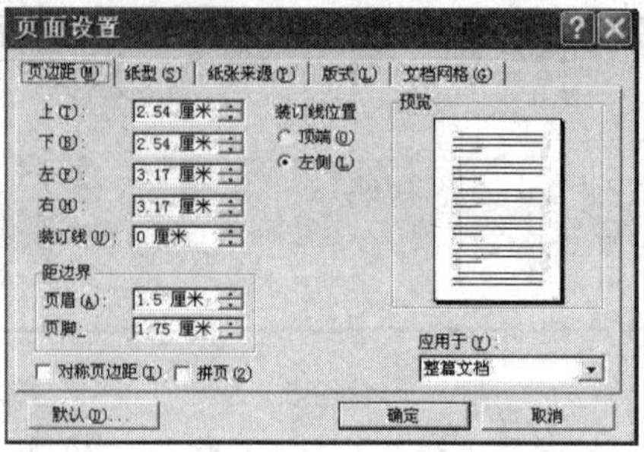

图 8-7

操作步骤

①单击菜单栏“文件”→“保存”命令，可以保存当前文档。如果是第一次保存该文档，则弹出“另存为”对话框，如图 8-8 所示。

图 8-8

②在“文件名”后面的文本框中输入文件名，单击“保存”按钮。

4. 退出

单击菜单栏“文件”→“退出”命令，或单击标题栏右端的“关闭”按钮☒，退出“记事本”窗口。

二、写字板

写字板是比记事本功能更强的文档编辑器，它除了可以进行基本的文本编辑外，还可以创建或编辑包括格式或图形的文件。

1. 启动

单击“开始”→“所有程序”→“附件”→“写字板”命令，弹出如图 8-9 所示“写字板”窗口。

2. 窗口的构成

写字板的窗口比记事本多了 3 行，它们分别是工具栏、格式栏、标尺。

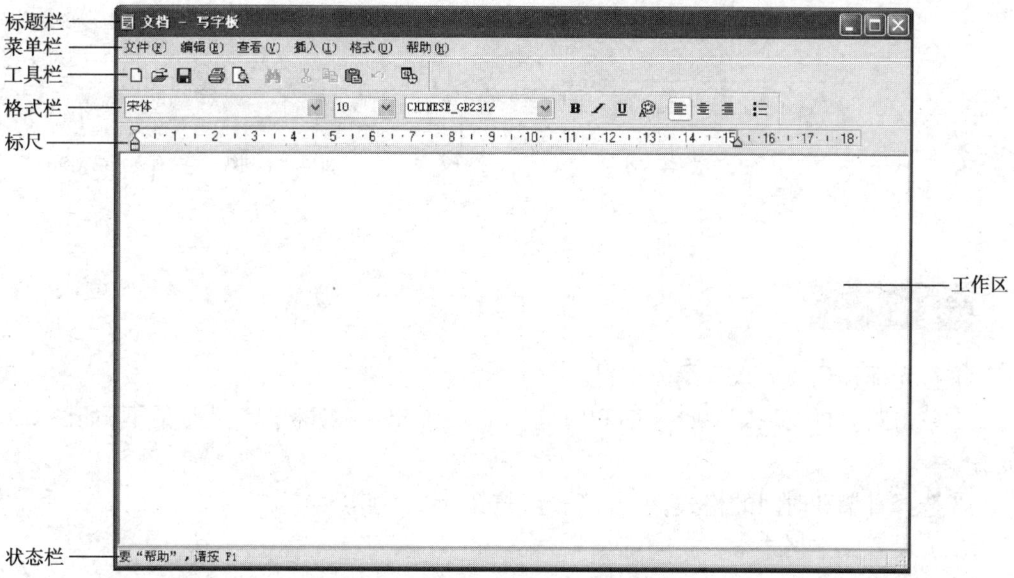

图 8-9

写字板的菜单栏包括文件、编辑、查看、插入、格式、帮助 6 个菜单项，各菜单项的内容如图 8-10 所示。

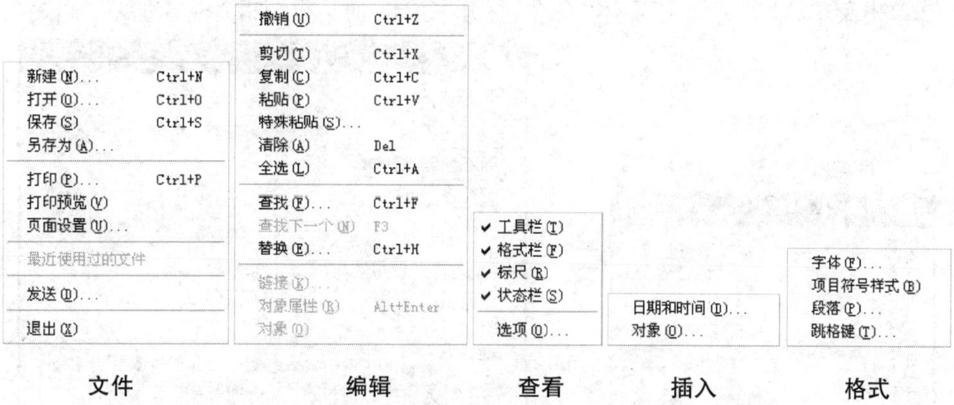

图 8-10

工具栏上项目代表的操作命令如图 8-11 所示。

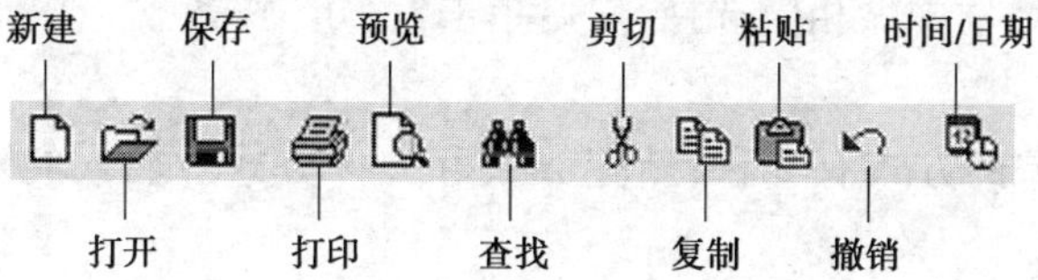

图 8-11

格式栏上项目代表的操作命令如图 8-12 所示。

3．增强操作

（1）插入时间

图 8-12

操作步骤

①将光标移到要插入日期的位置。

②单击菜单栏“插入”→“日期和时间”命令，弹出“日期和时间”对话框，如图 8-13 所示。

③选择日期和时间的格式，单击“确定”按钮。

(2) 设置文本格式

操作步骤

①选定需要设置格式的文本。

②单击菜单栏“格式”→“字体”命令，打开“字体”对话框，如图 8-14 所示。

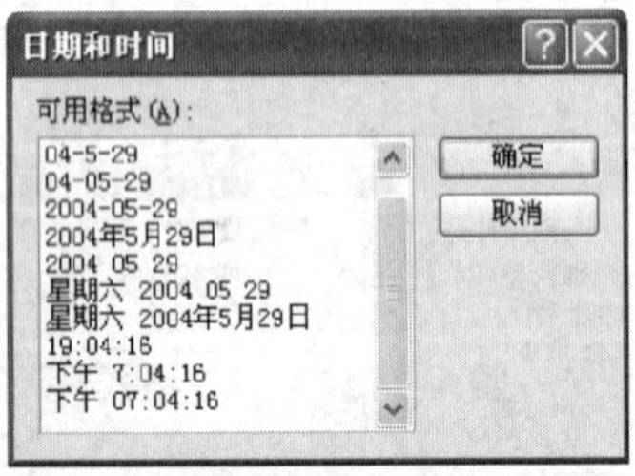

图 8-13

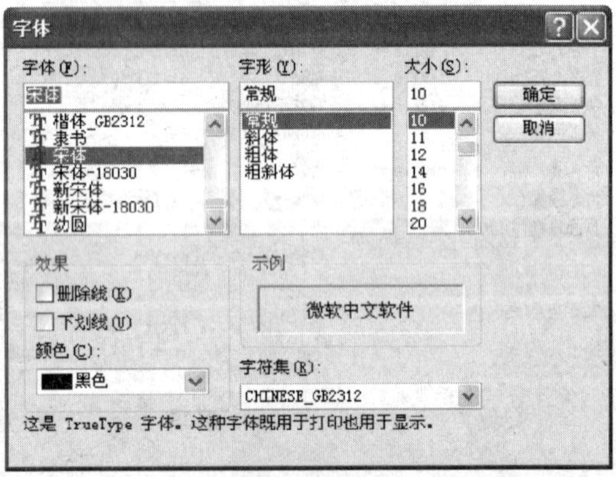

图 8-14

③在“字体”对话框中做相应选择，然后单击“确定”按钮。

(3) 插入对象

写字板插入对象的方式有 2 种：新建方式和文件方式。插入的对象可以是图片、音乐，也可以是文档。

➢ 以新建方式插入

操作步骤

①将光标移到要插入对象的位置，单击菜单栏“插入”→“对象”命令，弹出“插入对象”对话框，如图 8-15 所示。

②单击“新建”选项，在“对象类型”列表中选定要插入对象对应的类型，然后单击“确定”按钮。

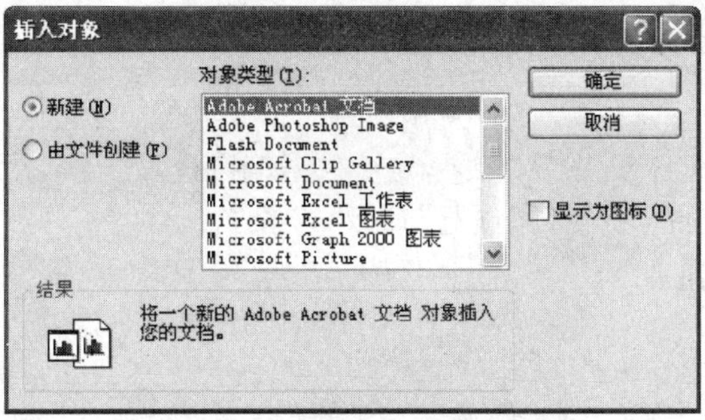

图 8-15

③在文档中新出现一块编辑区域,编辑好对象后单击文档中对象编辑区外的任何地方,结束对象的插入。

➢ 以文件方式插入

操作步骤

①将光标移到要插入对象的位置,单击菜单栏“插入”→“对象”命令,在“插入对象”对话框中选中“由文件创建”选项按钮,出现如图 8-16 所示对话框。

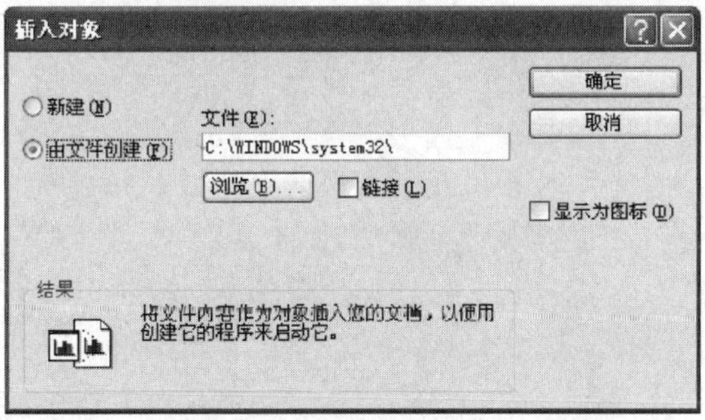

图 8-16

②单击“浏览”按钮,弹出“浏览”对话框,如图 8-17 所示。

图 8-17

③在“浏览”对话框中选择要插入的文件,单击“打开”按钮。

④在“插入对象”对话框中单击“确定”按钮。

（4）预览打印效果

操作步骤

①单击菜单栏“文件”→“打印预览”命令。

②单击“关闭”按钮。

三、画图

Windows XP 的画图程序是一个支持丰富色彩的应用程序，用它创建的图画，可以存为位图，也可以作为桌面背景，还可以粘贴到其它文档中。

1. 启动

单击“开始”→“所有程序”→“附件”→“画图”命令，打开如图 8-18 所示窗口。

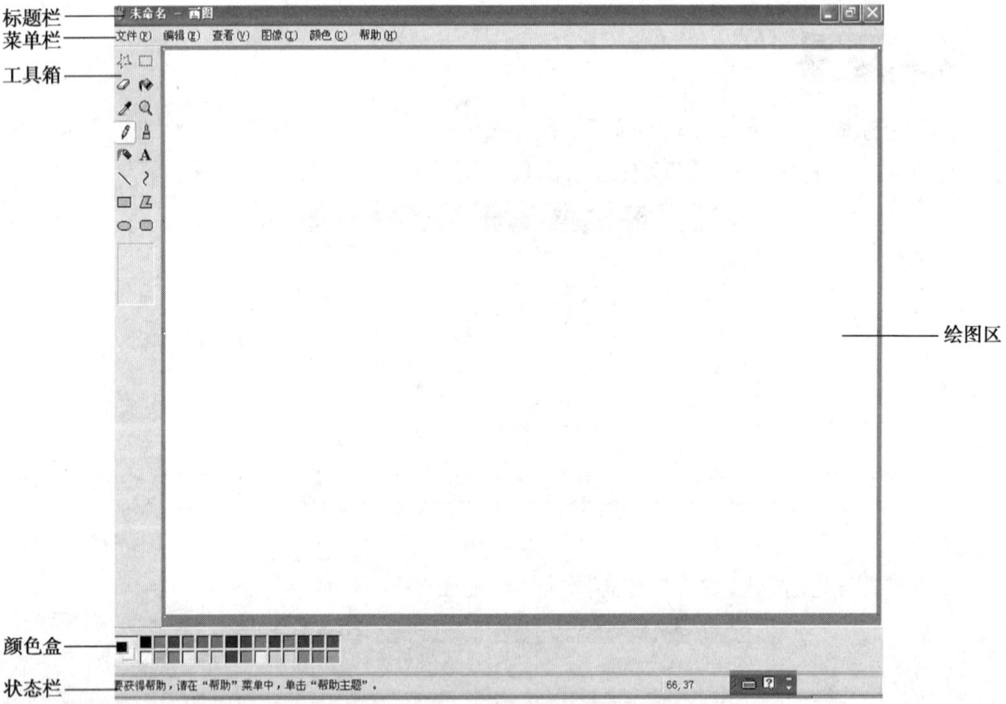

图 8-18

2. 窗口结构

“画图”窗口的组成元素如图 8-18 所示。画图菜单栏提供了文件、编辑、查看、图像、颜色和帮助 6 个菜单项，各菜单项的内容如图 8-19 所示。

工具箱中各项所代表的操作命令如图 8-20 所示。

颜色盒如图 8-21 所示，用鼠标单击颜色盒中的色块，该颜色即出现在前景色框中；用鼠标右键单击颜色盒中的色块，该颜色即出现在背景色框中。

3. 基本操作

（1）更改图片大小

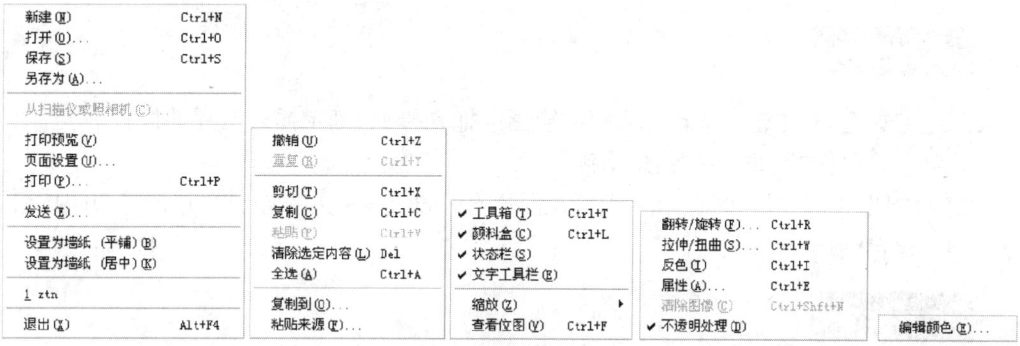

文件菜单　　编辑菜单　　查看菜单　　图像菜单　　颜色菜单

图 8-19

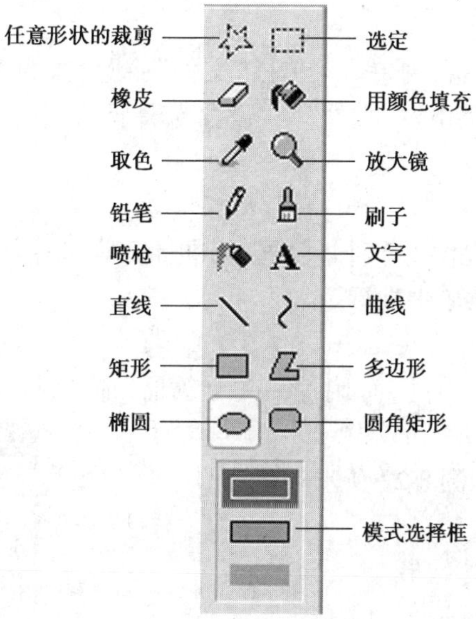

图 8-20

图 8-21

操作步骤

①单击菜单栏“图像”→“属性”命令，打开“属性”对话框。

②在“属性”对话框中，单击“单位”组合框中的单选按钮选择宽度和高度的单位，在“宽度”和“高度”框中输入宽度和高度数值，然后单击“确定”按钮。

（2）插入图片

操作步骤

①在工具箱中，单击“选定”，然后在绘图区拖动指针，确定插入图片的位置。

②单击菜单栏“编辑”→“粘贴来源”命令，打开“粘贴来源”对话框。

③在“粘贴来源”对话框中，指定要插入图片文件的位置和文件名，然后单击“打开”按钮。

(3) 保存图形

操作步骤

①单击菜单栏“文件”→“保存”命令，打开“保存为”对话框。

②在“保存为”对话框中，指定保存文件的位置、文件名和保存类型，然后单击“保存”按钮。

(4) 设置墙纸

欲将图片覆盖整个屏幕，则单击菜单栏“文件”→“设置为墙纸(平铺)”命令；欲将图片置于屏幕中央，则单击菜单栏“文件”→“设置为墙纸(居中)”命令。

四、计算器

Windows XP 为我们提供了 2 种计算器：标准计算器和科学计算器。两者的切换可以在计算器窗口的“查看”菜单中进行。

1. 启动

单击“开始”→“所有程序”→“附件”→“计算器”命令，打开如图 8-22 所示窗口。

2. 标准型计算器

标准型计算器面板如图 8-22 所示。

图 8-22

功能键简介：

C	清除计算结果
CE	清除最后输入的数值
Backspace	删除前一字符的数值
MC	删除内存的数值
MR	显示内存的数值
MS	将屏幕结果存储到内存
M+	将屏幕结果增加到内存
+/-	改变数值的正负符号
.	小数点
+, -, *, /	加、减、乘、除运算
=	算出运算结果
sqrt	开平方
1/x	求显示数值的倒数

3. 科学型计算器

科学型计算器面板如图 8-23 所示。

功能键简介：

十六进制	使用 16 进制计算

图 8-23

十进制	使用 10 进制计算
八进制	使用 8 进制计算
二进制	使用 2 进制计算
角度	三角函数以角度值输入
弧度	三角函数以弧度值输入
梯度	三角函数以梯度值输入
Inv	设定:Ave,Sum,s,sin,cos,tan,pi,x^y,x^2,x^3,ln,log 的反函数
Hyp	设定:sin,cos,tan 的双曲函数
Sta	开启统计框
Ave	计算统计框中数值的平均值
Sum	计算统计框中数值的总和
s	计算统计框中数值的标准值
Dat	将数值输入到统计框中
sin	计算 sin 的值
cos	计算 cos 的值
tan	计算 tan 的值
pi	显示 π 值
x^y	计算 x 的 y 次方
x^2	计算 x 的 2 次方
x^3	计算 x 的 3 次方
ln	计算自然对数
log	计算常用对数
Mod	取模运算
And	按位与运算
Or	按位或运算
Xor	按位异或运算
Lsh	左移
Not	按位取反运算
Int	显示十进制整数

〔练一练〕

1. 记事本的窗口由____________________构成。
2. 记事本的菜单栏包括____________________。
3. 写字板的菜单栏包括____________________。
4. Windows XP 为我们提供了______________种计算器。
5. 标准计算器和科学计算器的切换可以在计算器窗口的______________菜单中进行。

〔试一试〕

1. 用记事本编辑一个 HTML 语言网页文件。
2. 用写字板编辑文档。要求：
   ①标题为黑体，加粗，字号为 28，加下划线，居中。
   ②正文为宋体，字号为 10。
   ③在文本最后，以新建方式插入图片；以文件方式在文档开始处插入音乐。
3. 用画图创作 1 幅图画，并把它作为桌面背景。

〔想一想〕

是什么原因使记事本存留下来，而没有被 Word 这些文字处理系统取代？

〔看一看〕

对比 Photoshop 和画图。

〔课外餐〕

收集与各附件同类的应用软件。

任务二　播放和制作多媒体

〔读一读〕

一、使用媒体播放器

1. 启动

单击“开始”→“所有程序”→“附件”→“娱乐”→“Windows Media Player”命令，打开如图 8-24 所示“Windows Media Player”窗口。

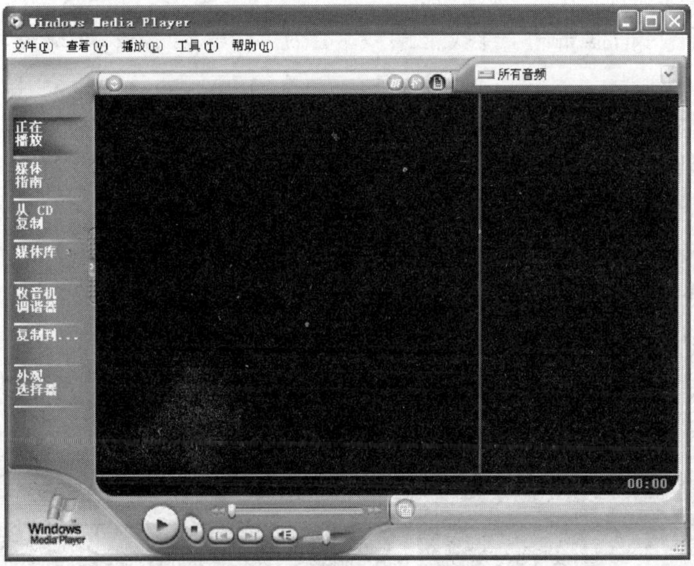

图 8-24

媒体播放器有 2 种模式：完整模式和外观模式，图 8-24 所示的是完整模式。要显示外观模式，可以单击“查看”→“外观模式”命令，即可出现图 8-25 所示的外观模式。

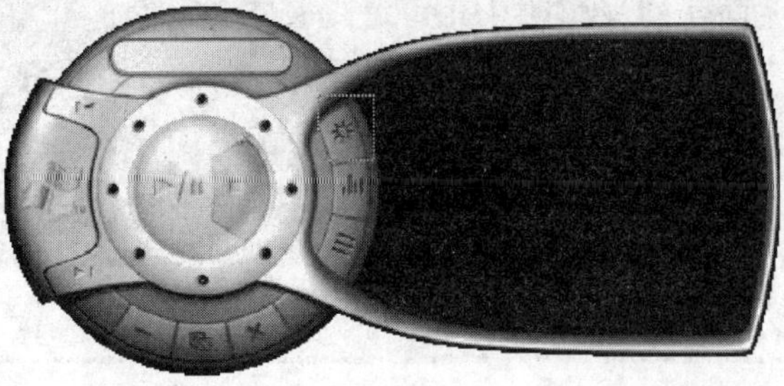

图 8-25

2. 播放音乐

操作步骤

①单击菜单栏“文件”→“打开”命令。

②在“打开”对话框中选择要播放的音乐、歌曲等(可以多选),然后单击“打开”按钮,选定的歌曲就显示在右边的播放列表中。

③在播放列表中双击要播放的歌曲名称。

3. 播放 CD,VCD 和 DVD

操作步骤

①单击菜单栏“文件”→“打开”命令。

②在“打开”对话框中将“查找范围”指定为 CD 驱动器或 VCD 驱动器或 DVD 驱动器。

③选择要播放的 CD,VCD,DVD 文件,然后单击“打开”按钮。

④在播放列表中双击要播放的文件名称。

4. 用播放列表组织媒体文件

操作步骤

①单击左边任务栏的“媒体库”,窗口显示如图 8-26 所示。

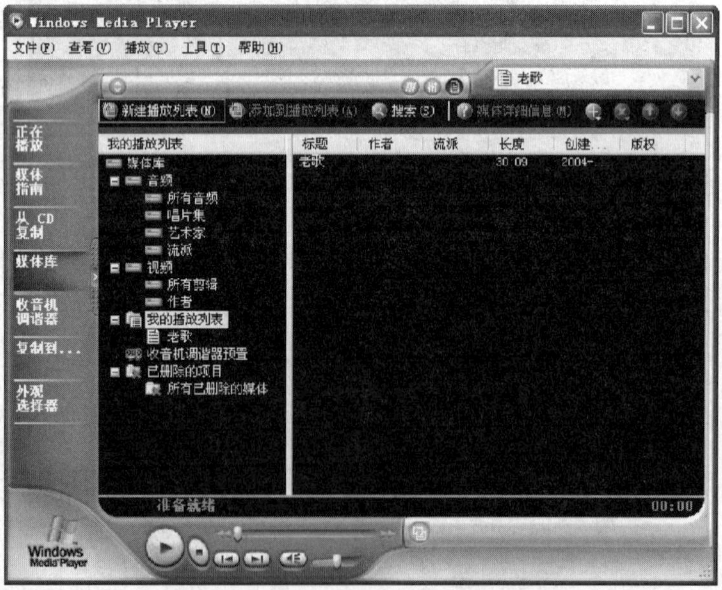

图 8-26

②单击“我的播放列表”,再单击工具栏上的“新建播放列表”按钮。

③在弹出的对话框中输入新建列表的名字,然后单击“确定”按钮。

④单击左边任务栏的“正在播放”。

⑤单击菜单栏“文件”→“打开”命令,打开要加入播放列表的文件。

⑥在右边播放列表中,右击要加入的文件名,在弹出的快捷菜单中单击“添加到播放列表”。

⑦在打开的“播放列表”对话框中选择新建的列表,然后单击“确定”按钮。

⑧在窗口右边下拉列表框中选择列表名,就能播放该列表中的项目。

5. 在网上搜索媒体

当连接到 Internet 时,单击任务栏“媒体指南”,Windows Media Player 会自动帮助你在 Internet 上寻找音乐、电影剪辑等。

6. 收听广播

当连接到 Internet 时,单击任务栏“收音机调谐器”,Windows Media Player 会自动连接到相关网站,接收网络广播。

7. 选择外观

单击任务栏“外观选择器”,可为外观选择外观模式。

二、Movie Maker 简介

借助摄像、录音设备我们可以用 Windows XP 提供的 Movie Maker 制作自己的 MTV、视频音频纪念片等,并可以用电子邮件发送或者将其投递到网站上,与大家一起分享。

1. 启动

单击“开始”→“所有程序”→“附件”→“Windows Movie Maker”命令,打开如图 8-27 所示“Windows Movie Maker”窗口。

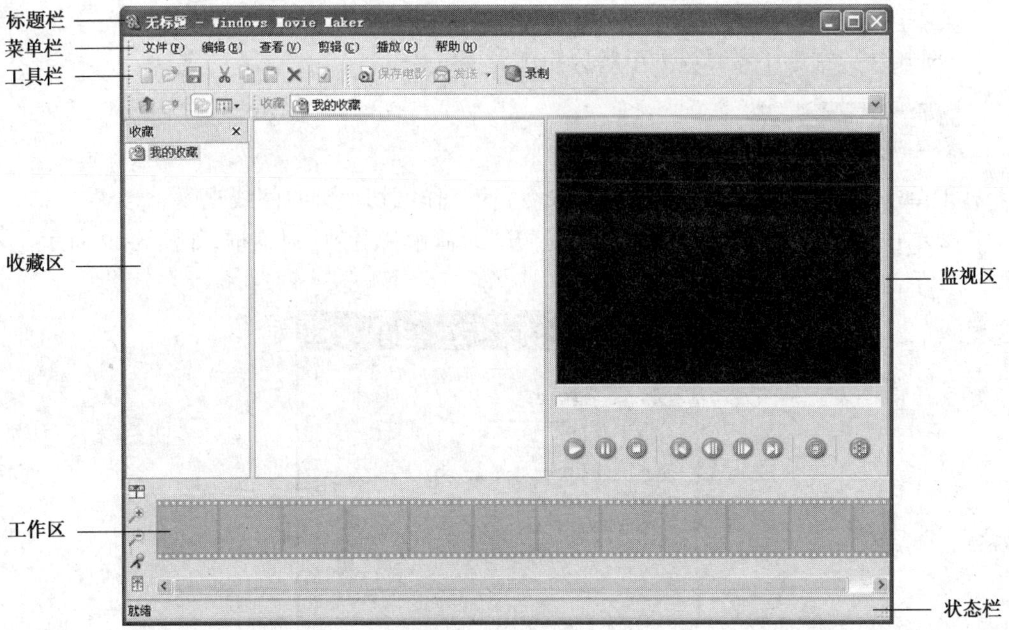

图 8-27

2. 制作步骤

(1) 新建收藏

单击菜单栏“文件”→“新建”→“收藏”命令,输入新建收藏夹名称。

(2) 输入内容

录制剪辑:就是将拍摄或录音的录像、声音录入到 Movie Maker。

操作步骤

①接好录制设备,单击菜单栏"文件"→"录制"命令,打开"录制"对话框,如图 8-28 所示。

②选中"创建剪辑"复选框,然后单击"录制"按钮。

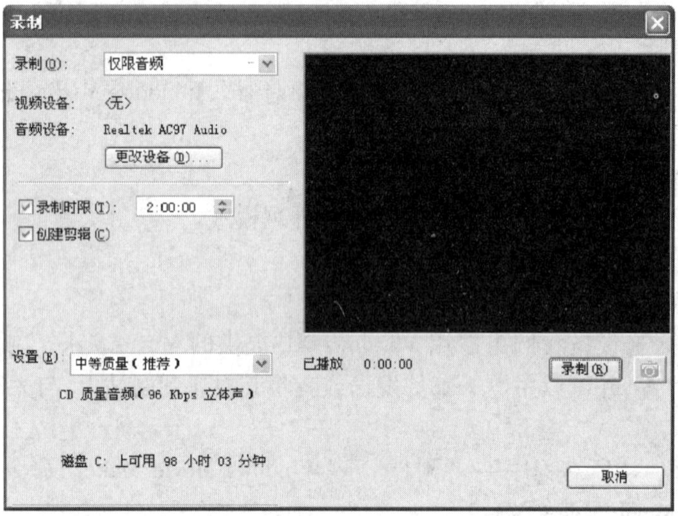

图 8-28

录制解说:就是用麦克风为电影剪辑配音。

操作步骤

①单击菜单栏"查看"→"时间线"命令,使工作区切换到时间线视图。

②单击"文件"→"录制解说"命令,打开"录制解说音轨"对话框,如图 8-29 所示。

③单击"录制"按钮,开始录制解说。

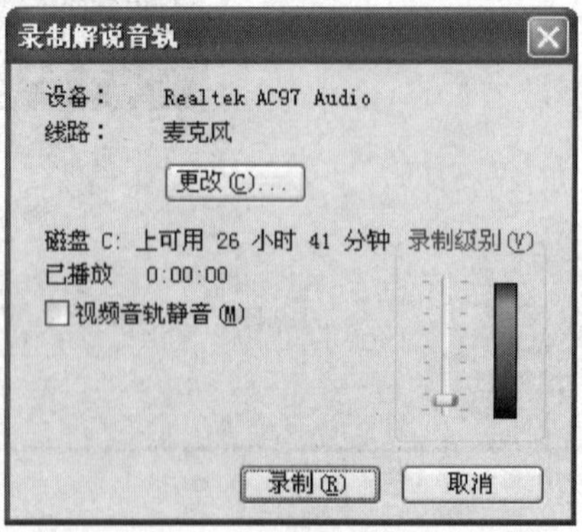

图 8-29

导入文件:就是直接引用以前录制的媒体素材或图片。

操作步骤

①单击“文件”→“导入”命令,打开“导入”对话框。

②选择要导入的文件,单击“打开”按钮。

(3) 添加对象到工作区

添加剪辑:在收藏区中选中要添加的剪辑,然后单击菜单栏“剪辑”→“添加到情节提要/时间线”命令,即可将选中的剪辑添加到工作区。

添加解说:在收藏区中选中要添加的解说,然后单击菜单栏“剪辑”→“添加到情节提要/时间线”命令,即可将选中的解说添加到工作区。

添加其他:在收藏区中选中要添加的图片,然后单击菜单栏“剪辑”→“添加到情节提要/时间线”命令,即可将选中的图片添加到工作区。

(4) 编辑工作区中的项目

删除:在工作区选中要删除的剪辑或解说,单击菜单栏“编辑”→“删除”命令即可。

移动:在工作区选中要移动的剪辑或解说,单击菜单栏“编辑”→“剪切”命令,然后单击要粘贴该剪辑的区域,再单击菜单栏“编辑”→“粘贴”命令即可。

复制:在工作区选中要复制的剪辑或解说,单击菜单栏“编辑”→“复制”命令,然后单击要粘贴该剪辑的区域,再单击菜单栏“编辑”→“粘贴”命令即可。

(5) 编辑剪辑

剪裁剪辑:在工作区选中要剪裁的剪辑,然后用鼠标拖动时间线左边的滑块直到要开始的时间点,再拖动时间线右边的滑块直到要结束的时间点,即可剪裁选中的剪辑。

清除剪裁:选中经过剪裁的剪辑,然后单击菜单栏“剪辑”→“清除剪裁点”命令,即可清除剪裁。

分割剪辑:在工作区选中要分割的剪辑,单击菜单栏“播放”→“暂停”命令,当视频播放到要分割的点时,单击“暂停”按钮,再单击菜单栏“剪辑”→“分割”,即可分割原剪辑。

合并相邻剪辑:在收藏区选中要合并的剪辑之一,按住“Shift”键不放,单击要合并的另一个剪辑,然后单击菜单栏“剪辑”→“合并”命令,即可将2个剪辑合为一个剪辑。

(6) 使用过渡

使用过渡可以创建一个同时淡出及淡入的过程。在时间线上选择并拖动第2个剪辑,使它与第1个剪辑重叠。

要删除过渡只要将后一个剪辑拖放到前一个剪辑的末端,即可使过渡区域消失。

(7) 制作音频

音频剪辑的制作与视频剪辑相似,同样可执行添加、删除、移动和剪裁、分割、合并等操作。

(8) 预览

选择收藏区或工作区相应的剪辑,则该剪辑会出现在监视区中,单击监视区的“播放”按钮,就可以预览该剪辑。

单击工作区的空白部分可以选中整个工作区,并进行预览。

(9) 保存和播放电影

操作步骤

①单击工具栏“保存电影”，打开“保存电影”对话框，如图 8-30 所示。

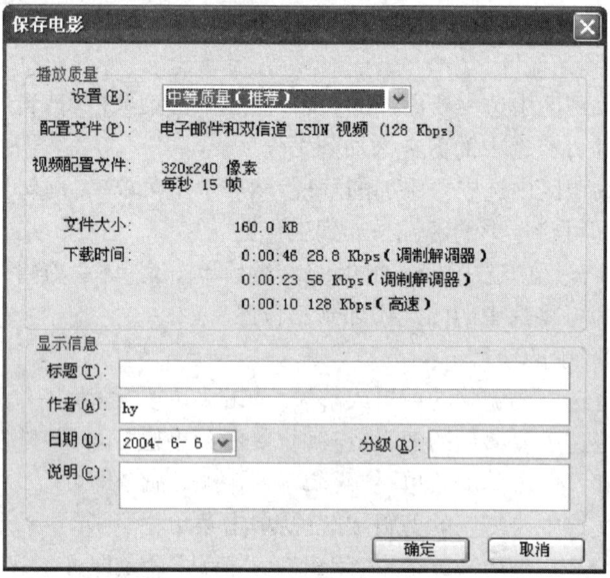

图 8-30

②输入相应信息，然后单击“确定”按钮，在弹出的“保存”对话框中输入文件名，最后单击“保存”按钮。

〔练一练〕

1. 单击________________,可以启动媒体播放器。
2. 媒体播放器有________种模式:________________。
3. 单击________________,可以启动 Movie Maker。

〔试一试〕

1. 用播放列表组织媒体文件，并播放。
2. 在网上搜索媒体。
3. 收听广播。
4. 制作电影。

〔想一想〕

Windows Media Player 能一次连续播放不同盘上不同文件夹中的文件吗?

〔看一看〕

目前流行什么播放器。

〔课外餐〕

数字媒体内容可以先下载到你的计算机，然后再播放；也可以渐进地下载，在下载的同时进行播放。

在流入计算机的同时进行播放的数字媒体内容称为流式媒体。必须在下载到计算机并存储在计算机上后才能播放的数字媒体内容称为本地媒体。

流式媒体和本地媒体各有其优点和缺点，流式媒体不会占用计算机的空间，但必须要连接到 Internet 上才能播放它；本地媒体不用连接到 Internet 就可以播放，但是它会占用大量的计算机存储空间。

任务三　制作通讯簿

〔读一读〕

一、通讯簿

通讯簿是管理联系人信息的工具，可以用它来存储、查找联系人信息，管理名片等。

1. 启动通讯簿

单击“开始”→“所有程序”→“附件”→“通讯簿”命令，打开“通讯簿”窗口，如图 8-31 所示。

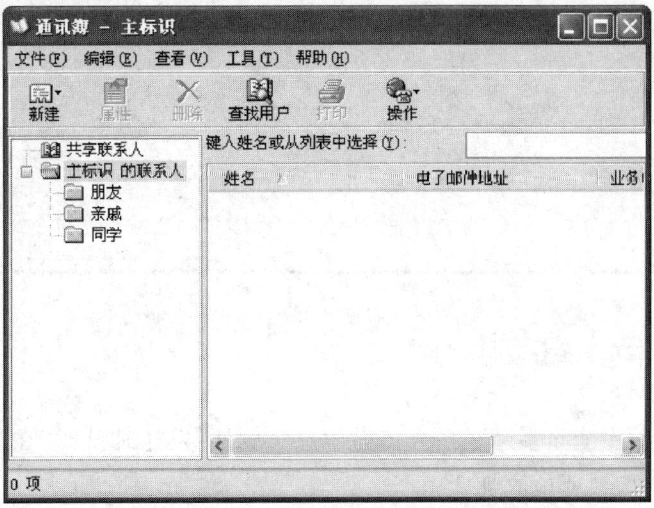

图 8-31

2. 新建文件夹

操作步骤

①单击菜单栏“文件”→“新建文件夹”命令或工具栏“新建”→“新建文件夹”命令，打开“属性”对话框，如图 8-32 所示。

②在“文件夹名”后的文本框中输入新建文件夹名，然后单击“确定”按钮。

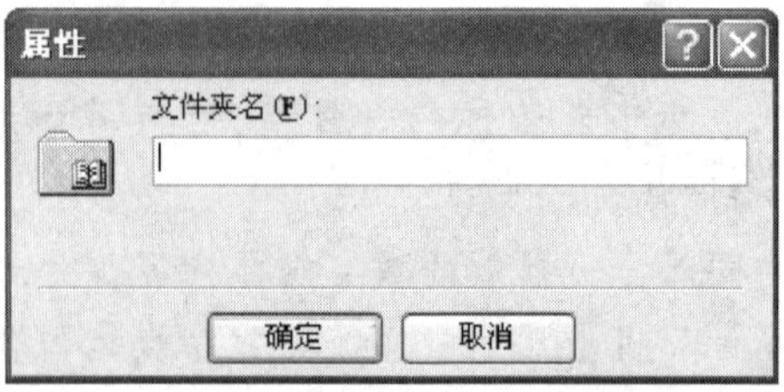

图 8-32

3. 新建联系人

操作步骤

①在通讯簿左侧文件夹列表窗格中单击要新建联系人的文件夹。

②单击菜单栏“文件”→“新建联系人”命令，弹出联系人“属性”对话框，如图 8-33 所示。

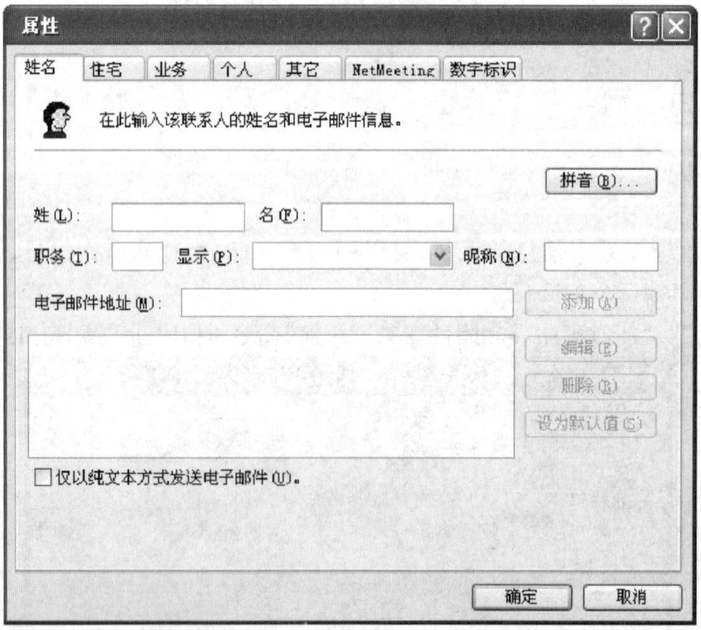

图 8-33

③输入相应信息，单击“确定”按钮。

4. 新建组

创建组之后一次能与多个联系人传递信息。例如：发送邮件时，在“收件人”框中键入组名，将给组内所有成员发邮件。

操作步骤

①单击“主标识的联系人”,再单击“文件”→“新建组”命令,打开新建组的“属性”对话框,如图 8-34 所示。

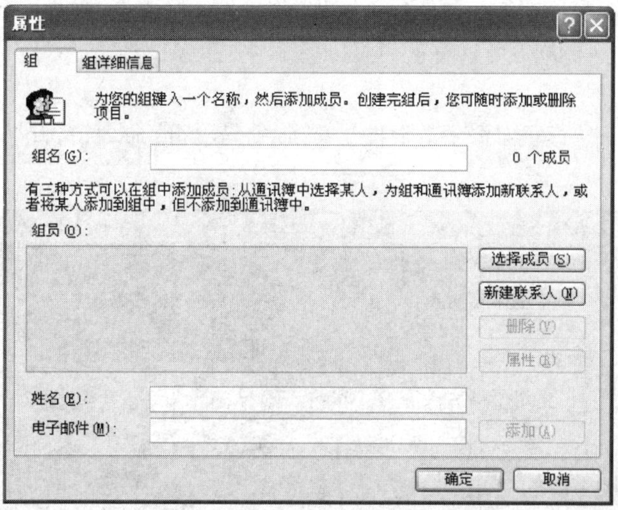

图 8-34

②输入组名,然后单击“选择成员”按钮,打开“选择成员”对话框,如图 8-35 所示。

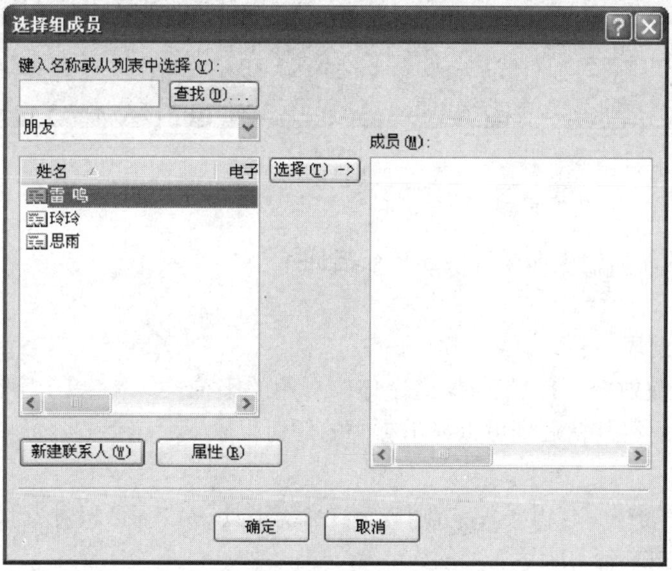

图 8-35

③在文件夹下拉列表中选择文件夹,在姓名栏中单击联系人姓名,然后单击“选择”按钮。若是新建成员,则单击“新建联系人”按钮。

④单击“确定”按钮,返回“属性”对话框。

⑤单击“确定”按钮。

5. 删除文件夹、联系人或组

➢ 要删除文件夹,单击该文件夹,然后单击“Delete”键。

➢ 要删除联系人,单击该联系人所在文件夹,选中该联系人,然后单击“Delete”键。

➢ 要删除组,单击该组名,然后单击“Delete”键。

二、命令提示符

命令提示方式是通过输入命令行来实现各种操作和运算,虽然它没有可视化的操作界面,但是它在某些方面还是具有优越性。

1. 启动

单击“开始”→“所有程序”→“附件”→“命令提示符”命令,打开“命令提示符”窗口,如图 8-36 所示。

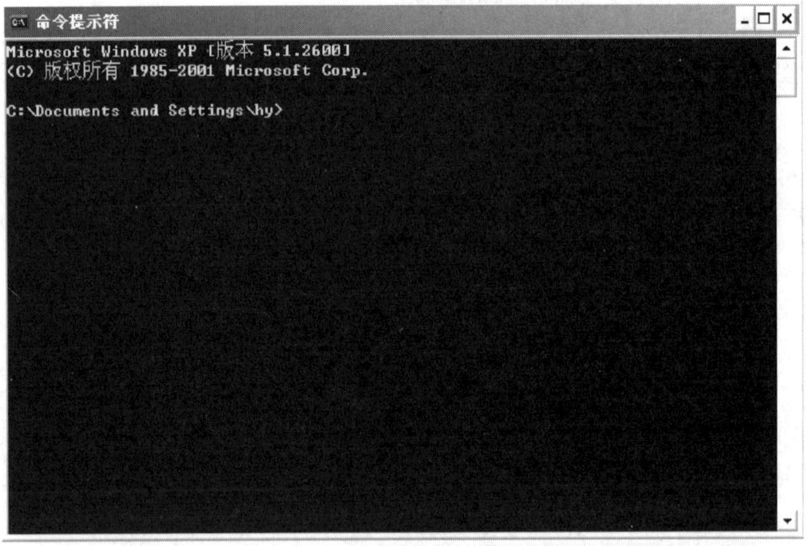

图 8-36

2. 返回

在命令提示符后输入命令行“exit”,然后回车。

三、字符映射表

使用“字符映射表”可以查看所选字体中可用的字符;可以将单个字符或字符组复制到剪贴板中,然后将其粘贴到可以显示它们的任何程序中。

1. 启动

单击“开始”→“所有程序”→“附件”→“系统工具”→“字符映射表”命令,打开“字符映射表”窗口,如图 8-37 所示。

2. 将特殊字符插入文档

操作步骤

①在“字体”列表中选中要使用的字体。

②单击要插入的特殊字符。

③单击“选择”按钮,然后单击“复制”按钮。

④打开文档,并在希望插入特殊字符的位置定位插入点。

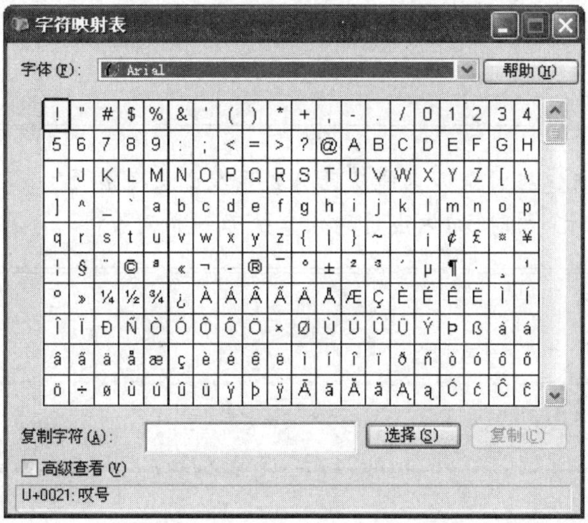

图 8-37

⑤单击菜单栏“编辑”→“粘贴”命令。

3. 查找字符

操作步骤

①在“字体”列表中选中要使用的字体。
②选中“高级查看”复选框。
③在“字符集”列表中,选择要搜索的字符集。
④在“搜索”框中输入要搜索的字符的全名或部分名称。
⑤单击“搜索”按钮。

〔练一练〕

1. 启动通讯簿应单击________________________。
2. 从命令提示符模式返回,应键入______________。

〔试一试〕

1. 新建“同学”和“亲戚”文件夹。
2. 分别在“同学”和“亲戚”文件夹中新建联系人。
3. 建立一个名为“招待会”的组。
4. 在文档中插入特殊字符。

〔想一想〕

1. 通讯簿中,新建组时是否只能从已有联系人中选择成员?
2. 通讯簿中,删除组时,组内成员的信息是否一并删除?

〔看一看〕

同学的通讯簿。

模块九 Mokuaijiu

Windows XP 与 Internet

学完本模块你应该：

- 了解 Internet
- 掌握 IE 的使用
- 会用 Outlook Express 管理、创建和发送电子邮件

任务一　浏览 Internet 上的信息

〔读一读〕

一、什么是 Internet

Internet 是一个全球性的计算机互联网络，人们通常简称为“因特网”，它是由不同地区而且规模大小不一的网络互相连接而成。

Internet 具有众多的功能，但是对于大多数用户来说，主要有两方面的作用：通讯和获取信息。

通讯是 Internet 最诱人的功能之一。正因为如此，有些人称 Internet 为信息高速公路。使用 Internet，可以和你认识的或希望结识的人进行一对一或者一对多的、实时的或非实时的信息交换。

Internet 上的信息资源丰富多彩，可以称得上是包罗万象，应有尽有。你可以在网上搜索到你想知道的各种信息。

二、IE 及其使用

在 Windows XP 中内置了 Internet Explorer 6.0 版本浏览器，它是一个 Web 客户端程序，用于搜索并获取 Internet 上的资源。使用它可以使用户的计算机连接到 Internet 上的某个 Web 站点，一旦连接成功，便从该 Web 站点获得并显示 Web 页面。

1. 启动

单击“开始”→“Internet Explorer”命令，打开如图 9-1 所示 IE 窗口。

2. 浏览网页

浏览网页可用下列方法之一：

- 在地址栏中输入要访问的网址，然后按 Enter 键或者单击“转到”按钮。
- 单击菜单栏“文件”→“打开”命令，弹出“打开”对话框，如图 9-2 所示。在“打开”后的文本框中输入要访问的网址，然后单击“确定”按钮。
- 单击地址栏右边的下拉按钮，从下拉列表中选择曾经访问过的网址。

3. 设置默认主页

默认主页是每次打开 Internet Explorer 时都会访问的网页。

操作步骤

①打开要设为主页的网页。

②单击菜单栏“工具”→“Internet Explorer 选项”命令，弹出“Internet 选项”对话框，如图 9-3 所示。

③在“主页”选项组中，单击“使用当前页”按钮，然后单击“确定”按钮。

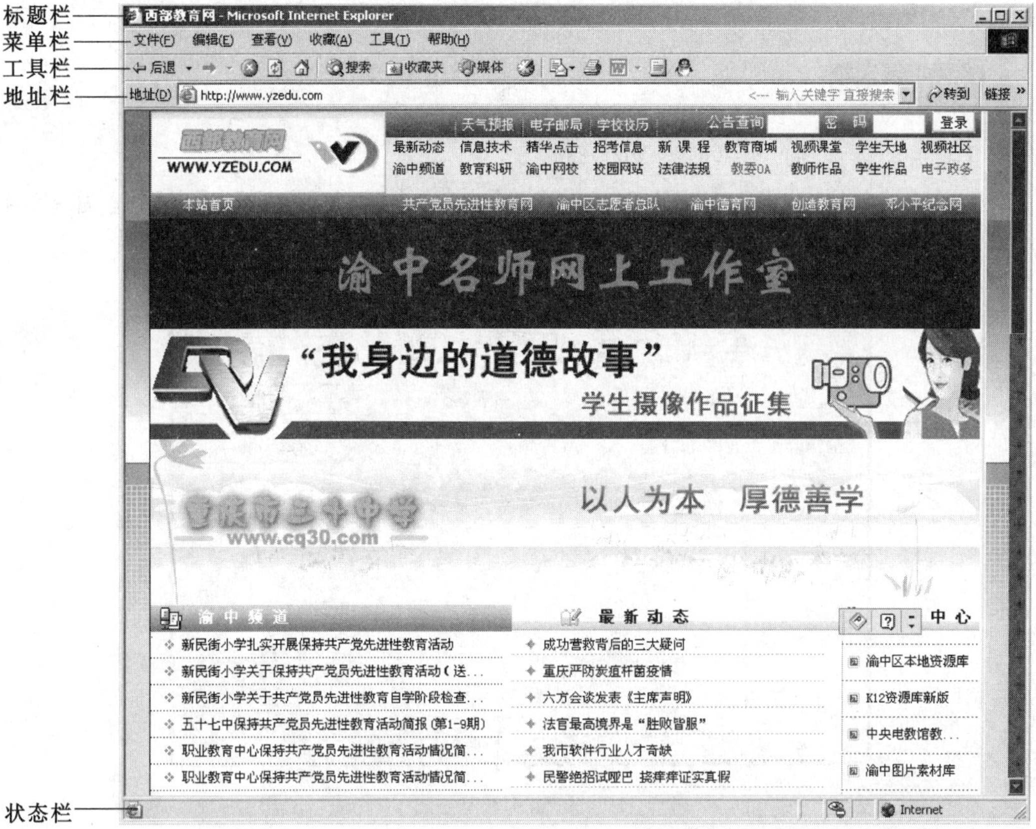
标题栏
菜单栏
工具栏
地址栏
状态栏
西部教育网 - Microsoft Internet Explorer
文件(F) 编辑(E) 查看(V) 收藏(A) 工具(T) 帮助(H)
后退 搜索 收藏夹 媒体
地址(D) http://www.yzedu.com
转到 链接
WWW.YZEDU.COM
天气预报 电子邮局 学校校历 公告查询 密 码 登录
最新动态 信息技术 精华点击 招考信息 新 课 程 教育商城 视频课堂 学生天地 视频社区
渝中频道 教育科研 渝中网校 校园网站 法律法规 教委OA 教师作品 学生作品 电子政务
本站首页 共产党员先进性教育网 渝中区志愿者总队 渝中德育网 创造教育网 邓小平纪念网
渝中名师网上工作室
“我身边的道德故事”
学生摄像作品征集
以人为本 厚德善学
www.cq30.com
渝 中 频 道
新民街小学扎实开展保持共产党先进性教育活动
新民街小学关于保持共产党员先进性教育活动（送...
新民街小学关于共产党员先进性教育自学阶段检查...
五十七中保持共产党员先进性教育活动简报（第1-9期）
职业教育中心保持共产党员先进性教育活动情况简...
职业教育中心保持共产党员先进性教育活动情况简...
最 新 动 态
成功营救背后的三大疑问
重庆严防炭疽杆菌疫情
六方会谈发表《主席声明》
法官最高境界是“胜败皆服”
我市软件行业人才奇缺
民警绝招试哑巴 挠痒痒证实真假
中 心
渝中区本地资源库
K12资源库新版
中央电教馆教...
渝中图片素材库
Internet

图 9-1

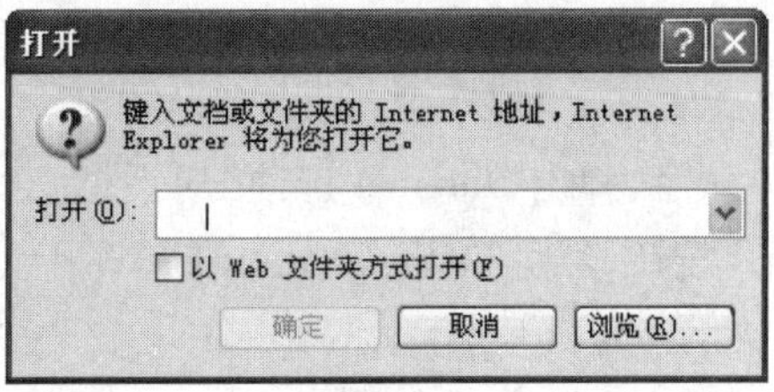
打开
键入文档或文件夹的 Internet 地址，Internet Explorer 将为您打开它。
打开(O):
以 Web 文件夹方式打开(F)
确定 取消 浏览(R)...

图 9-2

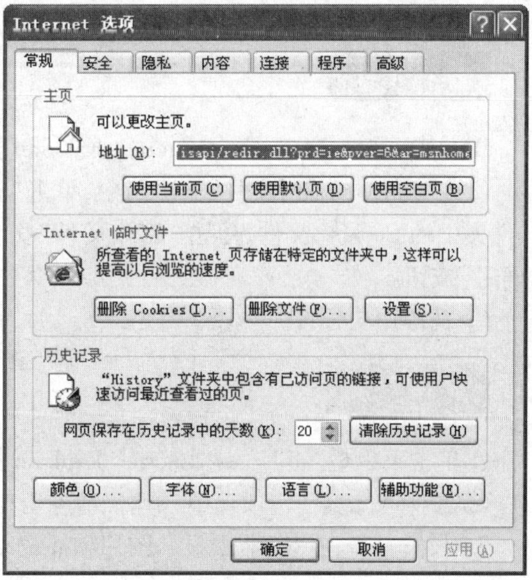
Internet 选项
常规 安全 隐私 内容 连接 程序 高级
主页
可以更改主页。
地址(R): isapi/redir.dll?prd=ie&pver=6&ar=msnhome
使用当前页(C) 使用默认页(D) 使用空白页(B)
Internet 临时文件
所查看的 Internet 页存储在特定的文件夹中，这样可以提高以后浏览的速度。
删除 Cookies(I)... 删除文件(F)... 设置(S)...
历史记录
“History”文件夹中包含有已访问页的链接，可使用户快速访问最近查看过的页。
网页保存在历史记录中的天数(K): 20 清除历史记录(H)
颜色(O)... 字体(N)... 语言(L)... 辅助功能(E)...
确定 取消 应用(A)

图 9-3

4. 使用收藏夹

操作步骤

①打开要添加到收藏夹列表中的网页。

②单击菜单栏“收藏”→“添加到收藏夹”命令，弹出“添加到收藏夹”对话框，如图9-4所示。

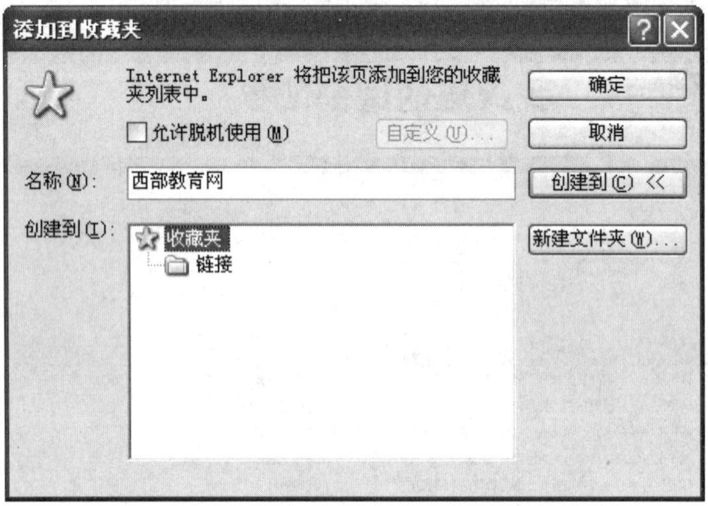

图 9-4

③在“创建到”列表中选择一个文件夹，然后单击“确定”按钮。

5. 删除 Internet 临时文件

操作步骤

①单击菜单栏“工具”→“Internet Explorer 选项”命令，弹出“Internet 选项”对话框。

②在“Internet 临时文件”选项组中，单击“删除 Cookise”按钮，将会删除 Internet 临时文件夹中的 Cookise 文件；单击“删除文件”按钮，将会删除包括图片等文件。然后单击“确定”按钮。

6. 清除历史记录

操作步骤

①单击菜单栏“工具”→“Internet Explorer 选项”命令，弹出“Internet 选项”对话框。

②在“历史记录”选项组中，单击“清除历史记录”按钮，然后单击“确定”按钮。

7. 设置是否在浏览器中显示图片和播放动画、声音

操作步骤

①单击菜单栏“工具”→“Internet Explorer 选项”命令，弹出“Internet 选项”对话框，单击“高级”标签，如图 9-5 所示。

②在“设置”列表框中找到“多媒体”选项组，在该选项组中对“显示图片”、“播放网

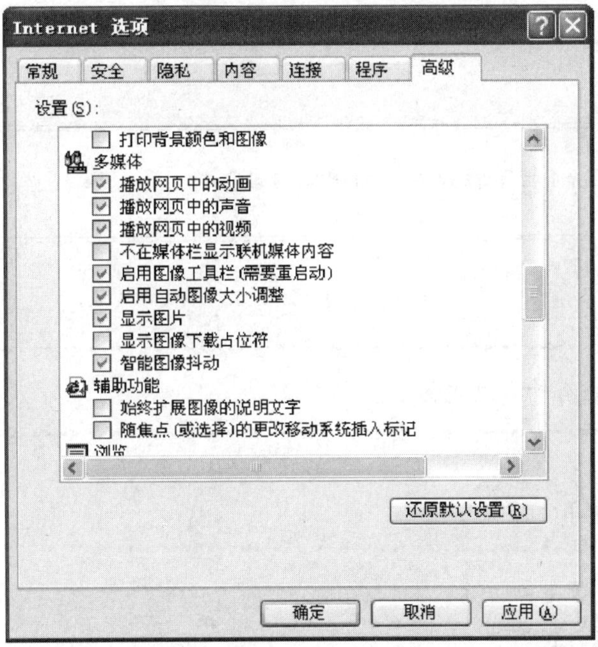

图 9-5

页中的声音”、“播放网页中的动画”复选框进行设置，然后单击“确定”按钮。

〔练一练〕

1. Internet 是一个________的计算机________，人们通常简称为________，它是由不同地区而且规模大小不一的网络互相连接而成。
2. 通讯和获取信息是 Internet 的________。
3. 启动 Internet Explorer 可单击________。

〔试一试〕

1. 将 http://www.163.com 设为主页。
2. 将 http://www.yzedu.com 添加到收藏夹。
3. 比较在浏览器中是否显示图片和播放动画、声音对速度的影响。
4. 删除 Internet 临时文件。
5. 清除历史记录。

〔想一想〕

怎样清除地址栏下拉列表中的中文网址?

〔看一看〕

除 IE 外还有什么浏览器。

〔课外餐〕

提高浏览效率的方法:
- 去掉动画和声音
- 优化 cache(缓存)
- 将站点列表制成主页
- 多个窗口同时浏览

任务二　发送和接收电子邮件

〔读一读〕

电子邮件是网上交流信息最普遍的方式之一,它不仅具有快捷、价格低廉的优点,而且邮件内容可以多种多样,如语音、图片、视频等。

Windows XP 自带的 Outlook Express 为我们收发邮件提供了方便。

一、申请邮箱

要通过计算机收发电子邮件,首先要拥有自己的邮箱。邮箱为用户提供一个存储空间,每个邮箱都有一个地址,邮箱地址的一般格式:

　　用户名@服务器名

其中"@"念作"at",表示"在"。例如 yehong@163.com 就是在 163.com 服务器上的 yehong用户。

一般来说,邮箱是由网络服务商提供的,有收费的,也有免费的。

申请免费邮箱的方法是:首先打开 Internet Explorer 浏览器,再在地址栏中输入邮箱的网络地址,打开该网站的首页;然后单击页面上免费邮箱的主链接;最后根据要求,输入相关的信息即可。

二、启动 Outlook Express

单击“开始”→“Outlook Express”命令,即可弹出“Outlook Express”窗口,如图 9-6 所示。

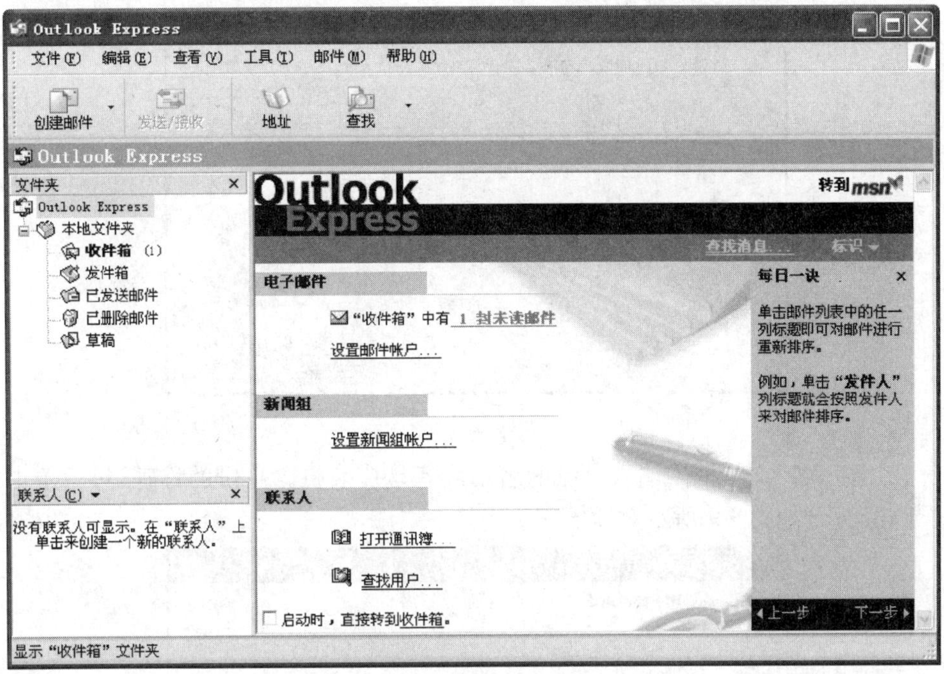

图 9-6

三、设置电子邮件账号

只有在 Outlook Express 中创建电子邮件账号之后,才能进行电子邮件的收发。

操作步骤

①单击菜单栏“工具”→“账户”命令,弹出“Internet 账户”对话框,选择“邮件”标签,如图 9-7 所示。

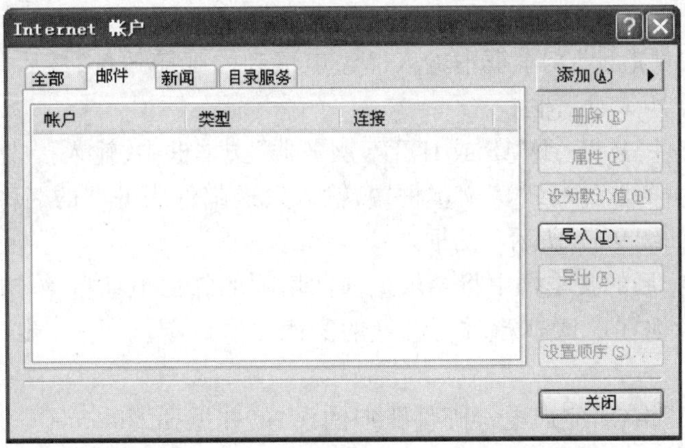

图 9-7

②单击“添加”按钮，在弹出的菜单中选“邮件”选项，打开“Internet 连接向导”对话框，如图 9-8 所示。

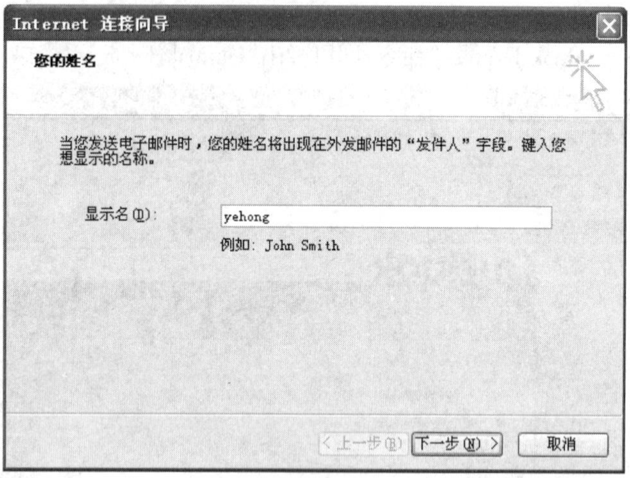

图 9-8

③在“显示名”文本框中输入自己的名字或者是代表自己身份的称呼，然后单击“下一步”按钮，打开如图 9-9 所示对话框。

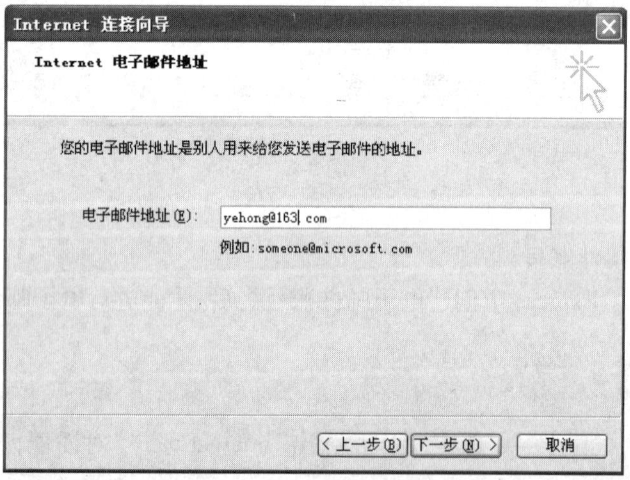

图 9-9

④在“电子邮件地址”文本框中输入已经申请到的邮箱地址，然后单击“下一步”按钮，打开如图 9-10 所示对话框。

⑤在“接收邮件(POP3，IMAP 或 HTTP)服务器”文本框中，输入接收邮件服务器的名称，在“发送邮件服务器(SMTP)”文本框中，输入发送邮件服务器的名称。然后单击“下一步”按钮，打开如图 9-11 所示对话框。

⑥在“账户名”后的文本框中将会根据前面填写的邮件地址自动添加账户名，在“密码”对话框中输入你在申请邮箱时所设置的密码。然后单击“下一步”按钮，打开如图 9-12所示对话框。

⑦单击“完成”按钮，完成电子邮件账户的设置，并返回“Internet 账户”对话框，这时能看到刚刚设置的电子邮件账户显示在列表框中，如图 9-13 所示。

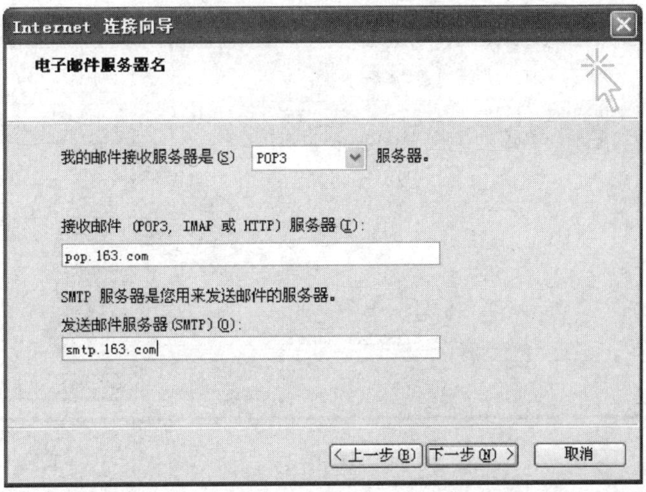

图 9-10

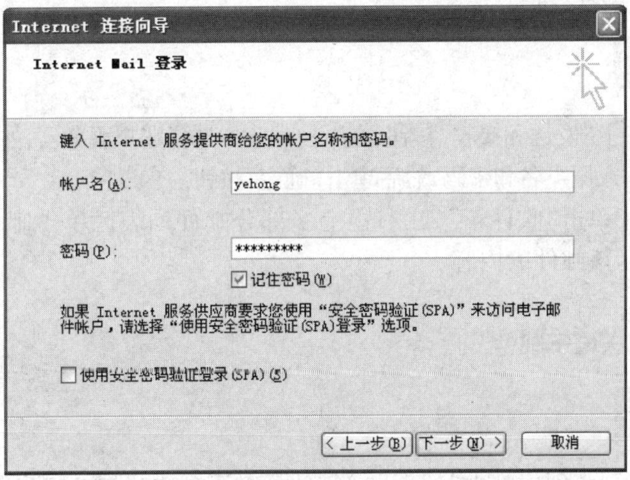

图 9-11

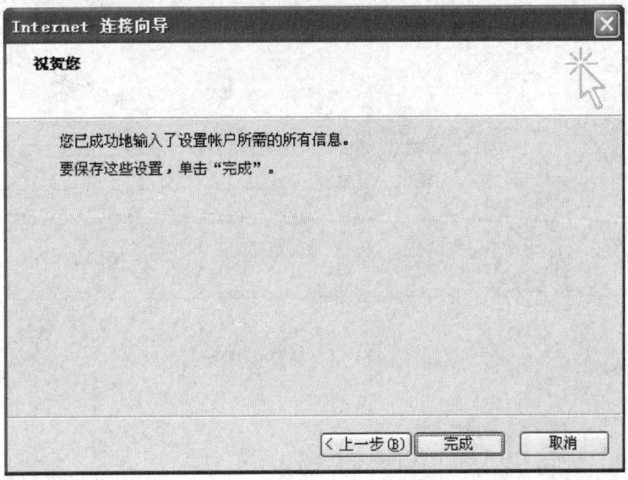

图 9-12

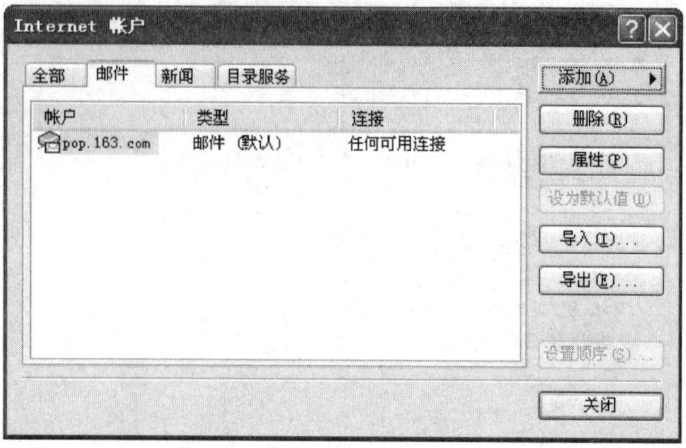

图 9-13

四、接收电子邮件

操作步骤

①单击工具栏上“发送和接收”按钮,在下拉列表中选择账户服务器,如“pop.163.com”,在“登录”对话框中输入用户名和密码,然后单击“确定”按钮。

②在左窗格中单击“收件箱”,在右边上半部分邮件列表区单击邮件,则下半部分的邮件预览区将显示该邮件的内容。

五、创建及发送电子邮件

操作步骤

①单击工具栏上“创建邮件”,打开“新邮件”对话框,如图 9-14 所示。

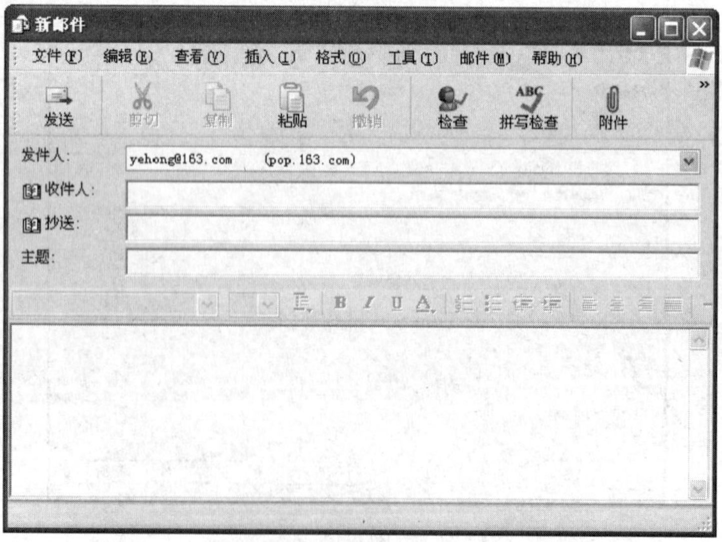

图 9-14

②在“收件人”文本框中输入“收件人”的电子邮件地址。

③在“主题”文本框中输入与邮件内容相关的题目。

④在正文区输入邮件的正文。

⑤如果有图片、声音、视频等文件,可作为附件同时发送。单击工具栏上“附件”按钮,在“插入附件”对话框中选择要发送的文件,然后单击“附件”按钮。

⑥单击工具栏上“发送”按钮。

六、打开和存储附件

操作步骤

①在邮件列表中双击具有附件的邮件,打开阅读邮件窗口。

②如果要打开附件,右击“附件”框中的附件,在弹出的快捷菜单中选择“打开”命令。

③如果要存储附件,右击“附件”框中的附件,在弹出的快捷菜单中选择“另存为”命令,再在“附件另存为”对话框中指定存储位置及文件名,然后单击“保存”按钮。

七、回复信件

操作步骤

①在邮件列表中选择要回复的邮件。

②单击工具栏上“答复”按钮。

③编辑正文。

④单击工具栏上“发送”按钮。

〔练一练〕

1. 电子邮件是否只能是文本?
2. 电子邮件地址 yehong@163.com,其中 yehong 称为________________,163.com称为________________。
3. POP3 是指________________邮件服务器,SMTP 是指________________邮件服务器。
4. 一个邮件是否只能带一个附件?
5. 创建新邮件与回复有什么区别?

〔试一试〕

1. 申请邮箱。
2. 设置电子邮件账号。
3. 接收电子邮件。
4. 创建及发送电子邮件。
5. 打开和存储附件。
6. 回复信件。

〔想一想〕

如果希望同时将1封信发送给多个人,该怎么办?

〔看一看〕

各大网站的邮件服务系统。

〔课外餐〕

使用电子邮件的要求:

(1) 最好采用纯文本方式,除非明确知道对方可以接收其他格式。
(2) 使用支持多种编码方式的软件。
(3) 邮箱应该定时检查、及时处理。
(4) 注意礼仪:
①不滥用广播方式群发邮件。
②与人交流应以礼相待。
③错收的信件应转寄给真正收信人或退回。
④发信给不熟悉的人,信件应该简明扼要。

模块十 Mokuaishi

MS-DOS

学完本模块你应该：

- 了解 MS-DOS 的功能，会启动 MS-DOS
- 会用 FORMAT，DISKCOPY，DIR，MD，CD，RD，TREE，DELTREE，TYPE，COPY，SYS，DEL 命令
- 了解 FDISK 命令
- 掌握系统配置文件和自动批处理文件概念
- 会建立 CONFIG. SYS 文件和 AUTOEXEC. BAT 文件

任务一　用 DOS 命令实现文件管理

〔读一读〕

一、MS-DOS 的功能

DOS 是 Disk Operation System 的简称，它曾经是个人计算机的主导操作系统。

1993 年美国微软(Microsoft)公司推出的 MS-DOS 6.2 已是一个功能较为完善的单用户操作系统，它以磁盘管理为中心，主要进行信息管理、设备管理和存储管理。

- **信息管理**　MS-DOS 6.2 将信息以文件形式组织、保存在磁盘上，实行按名存取，采取树形结构目录管理文件，大大提高了用户检索文件的速度。对系统文件，采用隐含方式管理，只能通过专门的方式访问，从而增强了系统的安全可靠程度。对大量的命令执行程序以文件的方式存储在磁盘上，不仅节省了内存空间，而且方便用户对系统进行扩充。对系统设备，也以文件方式进行管理，并命名为特殊文件名，扩大了命令的操作范围。
- **设备管理**　MS-DOS 6.2 的设备管理主要负责外设的驱动。常用的外设如：显示器、键盘、磁盘驱动器、打印机等。也提供一些可选设备的驱动程序，如：鼠标、光盘驱动器等。
- **存储管理**　存储管理是针对内存而言的，MS-DOS 6.2 对内存进行分类管理，这不仅提高了内存的使用效率，而且提高了系统的速度。

二、MS-DOS 6.2 的命令类型和命令格式

1. 命令分类

据命令的处理程序在启动 MS-DOS 6.2 后所处的位置的不同，MS-DOS 6.2 键盘命令分为内部命令和外部命令 2 大类型。

- **内部命令**(Internal Command)　是指其处理程序随着启动 MS-DOS 6.2 的过程就被装入内存，并且在 MS-DOS 6.2 状态下一直保存在内存中，用户可随时调用的命令。
- **外部命令**(External Command)　是指其处理程序以可执行文件(具有.com 或.exe 扩展名的文件)的形式保存在磁盘上，只有当用户调用时，才由 MS-DOS 6.2 将其处理程序装入内存并执行的命令。

外部命令与内部命令相比，执行速度较慢，并且必须保证该命令文件在指定的位置，否则，MS-DOS 6.2 找不到该命令的处理程序，将发出出错信息：

Bad command or file name

2. 命令格式

MS-DOS 6.2 的命令以 Enter 键(简写为“ < CR > ”)结束，称为命令行(也称为逻辑行)。

MS-DOS 6.2 命令的基本格式：

[drive:][path] command [switch]{filespec}{/parameter}

其中，方括号“[ ]”表示其中是用户任选项，在实际输入时不输入方括号本身。花括号

“{}”与方括号表示的意思相似,也是用户任选项,但是其中的内容可以不只一次出现在命令行上。

说明:

①drive:盘符,表示被指定的驱动器。MS-DOS 6.2 为用户提供了多个磁盘驱动器盘符,分别为 A,B,C,D,…用户可根据自己系统的配置进行选择,如果省略盘符,则由当前驱动器代替。

②path:路径。如果缺省,则表示为当前目录。

③command:命令字。在命令行上以具体的命令名字出现,它是命令的必选项。

④switch:开关。开关项之间以“|”分隔,若有开关项存在,则输入时根据需要仅选一个。

⑤filespec:文件说明。指定命令加工处理的对象,在命令行上以具体的盘符、路径和文件名给出。

⑥parameter:参数。对命令功能的补充,每一个参数都由“/”导出。

命令行可用大写、小写或大小写混合方式键入,以回车结束。当命令完成后,系统提示符再次出现在屏幕上,等待用户键入命令。

三、MS-DOS 的启动

启动 MS-DOS 6.2 就是将构成 MS-DOS 6.2 的 3 个主要模块 IO.SYS,MSDOS.SYS 和 COMMAND.COM 从磁盘中读出调入内存并执行的过程。作为系统启动盘,必须要有 IO.SYS,MSDOS.SYS 和 COMMAND.COM 3 个文件,其中前 2 个文件以隐含方式存在。

MS-DOS 6.2 有 2 种启动方法,即冷启动和热启动。

1. 冷启动

冷启动是指在关机状态下启动 MS-DOS 6.2。

操作步骤

①把 MS-DOS 6.2 系统启动盘插入 A 驱动器(若系统配有硬盘,且装有系统,则无需此步)。

②打开外设电源。

③打开主机电源。

2. 热启动

热启动是指在开机状态下启动 MS-DOS 6.2。一般情况下,为了从错误的程序或命令中摆脱出来,或者不在 MS-DOS 6.2 状态下进入 MS-DOS 6.2 时使用热启动方法。

操作步骤

①把 MS-DOS 6.2 系统启动盘插入 A 驱动器(若系统配有硬盘,且装有系统,则无需此步)。

②按下 Ctrl + Alt 键(保持按下状态),再击 Del 键,然后同时放开 3 个键。如果键盘失去控制能力,可按主机箱上的 Reset 按钮。

启动 MS-DOS 6.2 后,系统设置的提示符为“drive >”,其中的“drive”为当前盘符。如果你不满意,可以通过设置系统提示符命令重新设置。

四、文件和目录

文件是存放在辅助存储器上具有符号名的一组相关信息的集合。

MS-DOS 6.2 的主要功能就是信息管理,信息以文件方式组织,按名存取。

1. 文件名

MS-DOS 6.2 的文件名由正名和扩展名 2 部分组成,其中扩展名为任选部分。

• **正名**　由 1 ~8 个 ASCII 码字符组成,通常选用与文件内容或性质相关的词语命名,如果选用汉字命名,则仅前 4 个汉字有效。在文件名中,下列字符以及小于 21H 的 ASCII 码字符无效:

*　“　”　/　\　[　]　:　;　<　>　+　=　|

MS-DOS 6.2 将设备以文件方式管理,对外设命以特殊的文件名。表 10.1 为 MS-DOS 6.2 常用设备与文件名及可执行的操作的对照表。

表 10.1

文件名	设　备	操　作
CON	控制台键盘/显示器	I/O
AUX 或 COM1	第 1 串行/并行适配器接口	I/O
COM2	第 2 串行/并行适配器接口	I/O
COM3	第 3 串行/并行适配器接口	I/O
COM4	第 4 串行/并行适配器接口	I/O
LPT1 或 PRN	第 1 并行打印机	O
LPT2	第 2 并行打印机	O
LPT3	第 3 并行打印机	O
NUL	虚拟设备	I/O

• **扩展名**　由 1 ~3 个 ASCII 码字符(或 1 个汉字)组成,通常表示文件的类型。常见扩展名约定如下:

COM——可执行的二进制代码文件

EXE——可执行的程序文件

BAT——批处理文件

SYS——系统配置或设备驱动文件

ASM——汇编语言源程序文件

DAT——数据文件

BAK——编辑产生的备份文件

TXT——文本文件

LIB——库文件

OBJ——目标程序文件

FMT——格式文件

文件正名与扩展名之间以“.”符分隔。在显示目录项时,该分隔符不显示。

MS-DOS 6.2 提供了 2 个专用字符“ * ”和“?”,用于命名文件。其中“?”表示任何一个有效字符都可以占有这个位置;“ * ”表示任何有效字符串都可以占有这个位置。这两个特殊字符被称为文件名通配符,简称通配符。

通配符的应用给用户带来了极大的方便和灵活性,同时也引入了 2 个新概念:

- **单义名** 仅与惟一文件对应的文件名称。
- **多义名** 与多个文件对应的文件名称。

注意:文件名中不允许出现空格符。

2. 文件属性

MS-DOS 6.2 为每个文件设置了 4 个特性,称为该文件的 4 种属性。

- **存取属性**(a) 用于 BACKUP 和 XCOPY 等控制文件备份的命令。
- **只读属性**(r) 保护文件不被修改和删除。
- **隐含属性**(h) 禁止文件名在列表中显示出来。
- **系统属性**(s) 不显示在目录中,驱动设备。

3. 目录

MS-DOS 6.2 采用多级的树状结构目录管理文件。当系统对磁盘进行格式化时,在该盘上建立一个目录,这个目录称为根目录,以反斜线“\”表示。在根目录中,既可以建立文件,又可以建立目录,这样的目录称为子目录。每个子目录都有一个目录名,其命名规则与文件名命名规则相同。

在根目录中能容纳多少个文件或子目录,受磁盘类型限制。子目录能容纳的文件或下级子目录数受磁盘空间的影响,只要磁盘空间足够大,在一个子目录中,可以建立任意多个文件或子目录。

采用多级目录方式,磁盘上就可以同时存在多个目录,但是某一时刻,只有一个目录处于工作状态,这个目录被称为现行目录(或当前目录)。当 MS-DOS 6.2 启动时,启动盘的根目录即为现行目录。

系统能记住过去每个驱动器上运行过的目录,即使现在还不能去访问它。例如,当前目录是 C 盘上的 DOS 子目录,改变当前驱动器为 A,在 A 盘上执行若干操作后返回 C 盘,此时,系统仍以 DOS 子目录为现行目录。

4. 路径

路径是一连串用反斜线“\”分隔开的子目录名,沿着这些子目录逐级查找,就能找到所需的文件。

根据开始位置的不同,路径又分为绝对路径和相对路径。

- **绝对路径** 是指从磁盘根目录出发,沿着给定的各级子目录名能找到指定文件的路径。路径以“\”开始。
- **相对路径** 是从当前目录开始,查找指定文件的路径。

五、常用 MS-DOS 6.2 命令

1. DIR 命令

功能:对指定目录中的文件及其子目录列表显示。

类型:内部命令。

格式:DIR [drive:] [path] [filename] [/p] [/w] [/a[[:]attributes]] [[:]

sortorder][/s]

说明：

①命令字后的[drive:]指定欲显示目录所在的驱动器盘符；[path]指定欲显示的目录项路径；[filename]指定欲显示的文件。

②/p 表示显示信息以“屏”为单位，显示内容满一屏时，暂停滚动，直至击任一键后，系统继续执行该命令。

③/w 表示该命令显示为宽行格式，一行可放 5 个目录项，每个目录项仅显示文件名称。

④/a 表示显示具有指定属性的目录项。其中 attributes 可选：

D| -D　目录|文件

H| -H　隐含|非隐含

S| -S　系统|非系统

R| -R　只读|读写

A| -A　档案文件|上次建档后尚未改变的文件

⑤/o 表示显示的目录项按指定方式排序。其中 sortorder 可选：

N| -N　按文件名排序，正序|反序

E| -E　按扩展名排序，正序|反序

D| -D　按文件建立日期排序，最早的在前|最近的在前

S| -S　按文件大小排序，正序|反序

G| -G　目录在所有文件前|目录在所有文件后

⑥/s 表示显示指定目录及其所有子目录中的目录项。

2. MD 命令

功能：建立一个子目录。

类型：内部命令。

格式：MKDIR [drive:]path

或 MD [drive:]path

说明：

①drive：指定用于建立子目录的磁盘驱动器，缺省则为当前驱动器。

②path 给出新建子目录名。

3. CD 命令

功能：显示或改变当前目录。

类型：内部命令。

格式：CHDIR [drive:][path]

或 CHDIR [..]

或 CD [drive:][path]

或 CD [..]

说明：

①drive：指定所要改变的目录所在的磁盘驱动器，缺省则为当前驱动器。

②path 用于指定将成为现行目录的路径。

4. RD 命令

功能:删除一个子目录。

类型:内部命令。

格式:RMDIR [drive:]path

或 RD [drive:]path

说明:

①drive: 指定被删除目录所在的磁盘驱动器,缺省则为当前驱动器。

②path 给出被删除子目录名。

[注意]

①一次只能删除一个子目录。

②不能删除根目录和现行目录。

③只有当子目录为空(即它仅含"."和".."2 个特殊项)时,才能用该命令删除它。

5. TREE 命令

功能:显示某磁盘驱动器或某路径的结构。

类型:外部命令。

格式:[drive:][path] TREE [drive:][path][/f][/a]

说明:

①命令字前的[drive:][path]指定包含该命令文件的驱动器和路径,缺省则为当前驱动器的当前目录。

②命令字后的[drive:]指定要显示其目录结构所在的磁盘驱动器,缺省则为当前驱动器。

③命令字后的[path]指定要显示其目录结构的路径。

④/f 表示要显示所有目录上的文件名。

⑤/a 表示使用文本字符显示目录结构,缺省则使用图形字符显示目录结构。

6. DELTREE 命令

功能:删除指定目录以及其内的所有文件和子目录。

类型:外部命令。

格式:[drive:][path] DELTREE [/y] [drive:][path]

说明:

①命令字前的[drive:][path]指定包含该命令文件的驱动器和路径,缺省则为当前驱动器的当前目录。

②命令字后的[drive:]指定要删除的目录所在的磁盘驱动器,缺省则为当前驱动器。

③命令字后的[path]指定要删除的目录的路径,缺省则为当前目录。

④/y 表示在执行该命令时,不须先询问用户是否执行删除操作。

7. TYPE 命令

功能:显示文本文件的内容。

类型:内部命令。

格式:TYPE [drive:][path]filename

说明:filename 为指定文件的文件名,如果文件有扩展名则必须一并指定。

〔注意〕

被显示的文件必须是可读的(其内容为可显示的 ASCII 码字符),否则显示信息将是乱码。

8. COPY 命令

功能:复制一个(或组)文件。

类型:内部命令。

格式:COPY filespec1 [filespec2][/y|/-y] [/v]

或 COPY filespec1 {+filespec} [filespec2] [/y|/-y] [/v]

说明:

①filespec1 指定源文件,filespec2 指定目标文件。如果缺省 filespec2,则以同名复制。后一种格式中的 filespec 也指定源文件。

②/v 表示 MS-DOS 6.2 对写在目标盘上的记录进行正确性校对。

③/-y 表示想覆盖已经存在的目标文件时给出提示。/y 则不提示。

〔注意〕

①COPY 只能复制文件,不能复制子目录。

②隐含文件不能用该命令复制。

③如果源文件具有"只读"属性,经该命令复制所得的副本不保持该属性。

④合并文件时,只要找到源文件中的任意一个,则该命令都能成功执行复制操作。

9. XCOPY 命令

功能:复制目录及其所包含的子目录和文件。

类型:外部命令。

格式:[drive:][path] XCOPY filespec1 [filespec2] [/v] [/s][/D: date]

说明:

①命令字前的[drive:][path]指定包含该命令文件的驱动器和路径,缺省则为当前驱动器的当前目录。

②filespec1 指定源文件,filespec2 指定目标文件,如果缺省 filespec2 则以同名复制。

③/v 表示 MS-DOS 6.2 对写在目标盘上的记录进行正确性校对。

④/s 表示复制指定目录下全部子目录(空目录除外)和子目录中的文件。

⑤/D: date 表示只复制指定日期后(含指定日期)建立或修改的文件。

[注意]

该命令中的文件名不能使用设备名。

10. DEL 命令

功能:删除一个(或组)文件。

类型:内部命令。

格式:DEL filespec [/p]

或 ERASE filespec [/p]

说明:

①filespec 指定被删除文件。

②/p 表示在删除文件前给出提示信息。

[注意]

①该命令不能删除系统文件 IO. SYS 和 MSDOS. SYS。

②该命令不能删除具有只读属性的文件。

③该命令不能删除子目录。

④该命令不能删除隐藏的文件。

11. ATTRIB 命令

功能:显示和改变文件或目录的属性。

类型:外部命令。

格式:[drive:][path] ATTRIB filespec [+R|-R][+A|-A][+H|-H][+S|-S][/s]

说明:

①命令字前的[drive:][path]指定包含该命令文件的驱动器和路径,缺省则为当前驱动器的当前目录。

②filespec 指定要显示和改变属性的文件。

③指定属性如下:

H|-H　隐含|非隐含

S|-S　系统|非系统

R|-R　只读|读写

A|-A　档案文件|上次建档后尚未改变的文件

④/s 表示显示和改变指定目录下全部子目录(空目录除外)和子目录中的文件的属性。

12. DISKCOPY 命令

功能:把源盘上的内容照原样复制到目标盘上。若目标盘未格式化,则先自动对其格式化,然后再进行复制。

类型:外部命令。

格式:[drive:][path] DISKCOPY[drive1:[drive2:]][/v]

说明:

①命令字前的[drive:][path]指定包含该命令文件的驱动器和路径。缺省则为当前驱动器的当前目录。

②drive1:指定源盘驱动器,drive2:指定目标盘驱动器。缺省则为当前驱动器。

③/v 表示 MS-DOS 6.2 对写在目标盘上的记录进行正确性校对。

[注意]

该命令只适用于2个软盘之间的复制,不能用于硬盘。drive1:和 drive2:可以相同,表示在单个驱动器上进行软盘的复制。

13. FORMAT 命令

功能:对指定的磁盘进行格式化,使其具有 DOS 所能接受的记录格式。

类型:外部命令。

格式:[drive:][path]FORMAT drive1: [/s][/u][/q][/v[:label]]

说明:

①命令字前的[drive:][path]指定包含该命令文件的驱动器和路径,缺省则为当前驱动器的当前目录。

②drive1:指定含有需要格式化的磁盘驱动器。

③/s 用于把操作系统的启动文件按下列顺序从缺省驱动器中复制到被格式化的磁盘上:IO.SYS,MSDOS.SYS 和 COMMAND.COM。

④/u 表示对指定磁盘做无条件格式化操作,FORMAT 不再写入 UNFORMAT 信息到磁盘。

⑤/q 表示对指定磁盘做快速格式化操作,即删除文件分配表和先前格式化磁盘的根目录,但是不扫描磁盘坏区。进行快速格式化的磁盘必须是以前格式化过的,并且不要求改变磁盘的容量。

⑥/v 表示为被格式化的磁盘设置卷标记。

[注意]

格式化会破坏磁盘上原有的数据,所以使用该命令一定要小心。通常新买来的磁盘,使用之前须进行格式化。

14. FDISK 命令

功能:修改或显示硬盘分区。

类型:外部命令。

格式:[drive:][path]FDISK

说明：

①命令字前的[drive：][path]指定包含该命令文件的驱动器和路径，缺省则为当前驱动器的当前目录。

②MS-DOS 6.2 接受该命令后，显示提示信息引导用户执行各项任务。

③在该命令执行期间修改的分区，只有在重新启动系统后才生效。

④利用该命令获得的各个分区，在存放文件之前必须进行格式化。

15. SYS 命令

功能：复制 MS-DOS 6.2 系统文件和命令处理程序到指定磁盘。

类型：外部命令。

格式：[drive：][path] SYS [drive1：][path1] drive2：

说明：

①命令字前的[drive：][path]指定包含该命令文件的驱动器和路径，缺省则为当前驱动器的当前目录。

②命令字后的[drive1：][path1]指定系统文件所在的位置，缺省则为当前驱动器的根目录。

③drive2：指定复制操作的目标盘所在的驱动器。

〔注意〕

①该命令的源文件若来自当前驱动器，而在当前驱动器上没有要复制的系统文件，MS-DOS 6.2 将提示用户在指定的驱动器中插入系统盘。

②目标盘必须为系统文件留有空间。

16. CLR 命令

功能：清屏幕。

类型：内部命令。

格式：CLS

〔练一练〕

一、填空题

1. MS-DOS 6.2 命令按其处理程序是否常驻内存分为__________和__________2 大类型。
2. MS-DOS 6.2 命令行上的必选项是__________。
3. MS-DOS 6.2 的命令行以__________结束。
4. 启动 MS-DOS 6.2 就是____________________的过程。
5. MS-DOS 6.2 的启动有__________和__________2 种方法。
6. 热启动时，同时按下的键是__________。
7. 相对路径是从__________开始，查找指定文件的路径。

二、选择题

与多义名BOOK?.TXT相匹配的文件名是(　　)。

A. BOOK. TXT　　B. BOOK9. TXT

C. BOOK3　　D. BOOK12. TXT

〔试一试〕

1. 冷启动MS-DOS 6.2。
2. 热启动MS-DOS 6.2。
3. 显示C盘根目录的目录项。
4. 按文件名字母正序分屏显示C盘根目录下DOS子目录中的内容。
5. 在当前目录下建立名为class1的子目录。
6. 在A盘class1子目录下建立名为student1的子目录。
7. 改变当前目录为class1子目录下的student1子目录。
8. 改变当前目录为原当前目录的父目录。
9. 改变当前目录为C盘根目录。
10. 删除A盘class1子目录下的student1子目录。
11. 以图形方式显示A盘上的目录结构。
12. 以文本方式显示A盘上的目录结构。
13. 以图形方式显示A盘的目录结构,同时显示各目录上的文件。
14. 删除A盘class1子目录以及该目录内的所有文件及子目录。
15. 显示C盘根目录中名为autoexec. bat的文件的内容。
16. 将A盘现行目录中的文件以同名复制到C盘DOS子目录中。
17. 从键盘输入文件,以autoexec. bat为名存放在C盘根目录中。
18. 将C盘根目录中的文件a. txt和b. txt合并,生成新文件,以bigfile. txt为名存放在A盘根目录中。
19. 将A盘class1及其子目录下的所有文件复制到D盘CHEN目录中。
20. 删除当前驱动器现行目录中名为bigfile. txt的文件。
21. 删除A盘中的所有文件。
22. 给C盘根目录中名为autoexec. bat的文件设置只读属性。
23. 用单个驱动器A进行软盘复制。
24. 格式化A盘,同时装入系统文件,并键入卷标MSDOS ST-UP。
25. 显示硬盘分区信息。
26. 从C驱复制IO. SYS、MSDOS. SYS和COMMAND. COM到A驱。
27. 从A驱复制IO. SYS、MSDOS. SYS和COMMAND. COM到C驱根目录。
28. 清屏幕。

〔想一想〕

Windows XP 的命令提示符与 DOS 环境的区别。

〔看一看〕

目前哪些应用软件是在 DOS 环境下运行的。

〔课外餐〕

在启动 DOS 系统或使用 DOS 命令时，由于各种原因，常会出现一些错误。下面介绍一些常见的出错信息及其处理方法。

现象：软盘启动 DOS 时，显示：

Non system disk or disk error

Replace and strike any key when ready

原因：所用软盘不是 DOS 系统盘。

处理：换 1 张 DOS 系统盘。

现象：硬盘启动 DOS 时，显示：

Disk boot failure

或 Non system disk or disk error

原因：DOS 的 2 个隐含文件没找到或读内容时出错。

处理：重新复制 2 个隐含文件。

现象：在读某一软盘时显示：

Not ready error reading drive A(B)

Abort, Retry, Ignore?

原因：软盘驱动器门没有关好，或软盘未格式化。

处理：准备好磁盘，并关好驱动器门。然后键入"A"或"R"。

说明：提示信息是为用户提供 3 种选择。

按 A 键：放弃输入命令的执行，回到 DOS 状态。

按 R 键：再执行一次所键入的命令。

按 I 键：忽略出现的错误，继续执行所键入的命令。

现象：在键入一条命令，按回车键盘后，显示：

Bad command or file name

Abort,Retry,Ignore?

原因:可能是命令的拼写有错或所键入的外部命令未找到。

处理:按 A 键退回 DOS 状态,然后检查命令的拼写或提供外部命令的路径。

现象:向磁盘上写数据或存储程序时,显示:

Write protect error writing drive A(B)

Abort,Retry,Ignore?

原因:软盘被写保护。

处理:取消软盘的写保护,然后按 R 键。

现象:在向磁盘上写数据时,显示:

Insufficient disk space

原因:磁盘上没有足够的空间装入要写的数据。

处理:删除磁盘上没有用的文件或换一张有足够空间的软盘。

任务二　创建 CONFIG. SYS 文件和 AUTOEXEC. BAT 文件

〔读一读〕

一、CONFIG. SYS 文件

CONFIG. SYS 文件是 MS-DOS 用于存放系统配置命令的文件,称为系统配置文件。

由于不同的用户,或同一用户执行不同的任务,所需要的运行环境是不一样的,MS-DOS 允许用户在现有硬件基础上,利用系统配置文件创建最佳运行环境。

MS-DOS 允许做下列系统配置:

- 设置 Ctrl-Break 的扩充检验
- 设置缓冲区的个数
- 设置国家及日期格式和货币、小数点符号
- 安装设备驱动程序
- 设置用户一次所能打开的文件数
- 设置用户可以存取的最多驱动器数
- 设置栈单元个数

1. 建立 CONFIG. SYS 文件

如果需要修改配置命令缺省值,就应该在系统启动盘的根目录中建立 CONFIG. SYS 文件。新建的 CONFIG. SYS 文件只有在重新启动 MS-DOS 系统后才被执行,使用户获得所需的运行环境。

可以通过任何一种字处理程序来建立文件，也可以用 COPY 命令来建立 CONFIG. SYS 文件。

操作步骤

①在 MS-DOS 命令提示符后键入命令行：

COPY CON CONFIG. SYS

②键入系统配置命令。

③键入文件结束符^Z。

2. 系统配置命令

(1) BREAK 命令

功能：设置 MS-DOS 检查 Ctrl-Break 中断信号的区域。

格式：BREAK [on|off]

说明：

①当 BREAK 处于 on 状态时，无论用户何时发出 Ctrl-Break 请求（即同时按下 Ctrl 键和 Break 键），MS-DOS 立即给予响应。

②当 BREAK 处于 off 状态时，MS-DOS 只在执行下列操作时，检查 Ctrl-Break。

- 屏幕输出操作
- 键盘输入操作
- 打印报表的打印操作
- 标准辅助操作

③在启动时 BREAK 的默认值为 off。

④如果不加参数，只键入命令字，则表示显示当前 BREAK 的状态。

(2) BUFFERS 命令

功能：设置 MS-DOS 启动时，在内存中设置的磁盘缓冲区数。

格式：BUFFERS = n['m]

说明：

①n 指定缓冲区个数，取值范围为 1 ~ 99。

②m 指定在辅助高速缓存中的缓冲区个数。

(3) FILES 命令

功能：设置可以同时被打开的文件最大数目。

格式：FILES = X

说明：X 指定同时被打开的文件最大数目，其取值范围是 8 ~ 255，系统默认值为 8。每增加一个，将使 MS-DOS 常驻内存增加 64bit。

(4) DEVICE 命令

功能：安装用户指定设备的驱动程序。

格式：DEVICE = [drive:][path]filename[. ext][argumet]

说明：

①[drive:][path]指定欲装入的设备驱动程序所在位置，缺省为当前盘当前目录。

②filename[. ext]指定欲装入的设备驱动程序的文件名。扩展名可省略。

③argumet 指定任何可被设备驱动程序所接受的参数。

(5)STACKS 命令

功能:设置栈资源。

格式:STACKS = n,s

说明:

①n 指定栈的个数,取值范围为 8 ~64。

②s 指定每个栈的大小,取值范围为 32 ~512。

二、AUTOEXEC. BAT 文件

1. 批处理文件

批处理文件是含有一个或多个 MS-DOS 命令的磁盘文件,其扩展名为. BAT。当执行批处理文件时,系统执行包含在批处理文件中的 MS-DOS 命令。

AUTOEXEC. BAT 是 MS-DOS 的一个特殊批处理文件。用户每次启动 MS-DOS 时,系统都会对启动盘的根目录进行检测,如果找到 AUTOEXEC. BAT,则执行该文件中的各条 MS-DOS 命令。因此,通常称该文件为自动批处理文件。

批处理文件的建立方法与 CONFIG. SYS 的建立方法相同。

2. 批处理文件子命令

(1)ECHO 子命令

格式:ECHO [ON|OF|message]

功能:允许或禁止屏幕显示执行的 MS-DOS 命令行。

类型:内部命令。

说明:

①ON|OF 指定 ECHO 的开关状态,系统启动后初始状态为 ON,即屏幕显示所执行的 MS-DOS 命令行。

②Message 为用户指定的显示信息,无论 ECHO 处于哪种状态,都将在屏幕上显示该信息。

③如果命令行上无可选项,则表示显示当前 ECHO 状态。

(2)REM 子命令

格式:REM [remark]

功能:注释,增强批自理文件的可读性。

类型:内部命令。

说明:注释 remark 可以是长达 121 个字符的任何字符串。如果无可选项,则该命令仅在批文件中设置空行。

(3)PAUSE 子命令

格式:PAUSE

功能:暂停系统处理,并给出提示信息:

strike a key when ready…

类型:内部命令。

(4)GOTO 子命令

格式:GOTO [:]label

功能:把控制转移到指定标号行。

类型:内部命令。

说明:label 为指定的标号,标号是不含"."号的字符串,其前 8 个字符有效。

(5)IF 子命令

格式:IF [NOT] condition command

功能:允许有条件地执行 MS-DOS 命令。

类型:内部命令。

说明:

①条件参数 condition 可以取下列形式之一:

ERRORLEVEL number	;发生指定错号的错误
String1 = = string2	;左右字符串相等
EXIST [drive:][path]filename[.Ext]	;指定文件存在

②如果不选 NOT,条件为真时执行 command 命令;条件为假时,跳过该命令行,执行下一命令。选择 NOT 则相反。

(6)FOR 子命令

格式:FOR %% variable in(set)Do command

功能:允许重复执行 MS-DOS 命令。

类型:内部命令。

说明:

①%% variable 是 FOR 命令设置的变量,它取 set 提供的值,作为 command 的操作对象。

②set 为变量%% variable 设置取值,其中允许路径名出现,也可含有"*"或"?"。

(7)CALL 子命令

格式:CALL [drive:][path]filename

功能:在批处理文件执行过程中,调用另一批处理文件

类型:内部命令。

说明:[drive:][path]filename 指定被调用的批处理文件。

(8)SHIFT 子命令

格式:SHIFT

功能:命令行上所有实际参数都左移一位再取代相应的虚拟参数。

类型:内部命令。

〔练一练〕

1. 系统配置文件的文件名为__________,它必须存放在__________盘的__________目录中。

2. AUTOEXEC. BAT 是____________________,它只有存放在____________________才有效。

〔试一试〕

1. 建立 CONFIG. SYS 文件。
2. 建立 AUTOEXEC. BAT 文件。

〔想一想〕

如果每次开机后都是进入同一个应用软件,能简化启动操作吗?

〔看一看〕

你能接触到的 DOS 系统的 AUTOEXEC. BAT 和 CONFIG. SYS 文件的内容。

〔课外餐〕

注册表是 Windows 系统中保存系统软件和应用软件配置的数据库。

注册表编辑器是专门用于注册表修改的工具。

在“开始”菜单中,单击“运行”选项,在打开的对话框中输入“Regedit”或“Regedit 32”并确定,即可打开注册表编辑器。